走进大自然

藻类植物

王 艳 ⊙ 编写

吉林出版集团股份有限公司

图书在版编目（CIP）数据

走进大自然. 藻类植物 / 王艳编写. —— 长春 ： 吉林出版集团股份有限公司，2013.5

ISBN 978-7-5534-1602-1

Ⅰ．①走… Ⅱ．①王… Ⅲ．①自然科学－少儿读物②藻类－少儿读物 Ⅳ．①N49②Q949.2－49

中国版本图书馆CIP数据核字(2013)第062695号

走进大自然·藻类植物
ZOUJIN DAZIRAN ZAOLEI ZHIWU

编　写	王　艳	
策　划	刘　野	
责任编辑	林　丽	
封面设计	贝　尔	
开　本	680mm×940mm　1/16	
字　数	100千	
印　张	8	
版　次	2013年 7月　第1版	
印　次	2018年 5月　第4次印刷	

出　版	吉林出版集团股份有限公司
发　行	吉林出版集团股份有限公司
地　址	长春市人民大街4646号
	邮编：130021
电　话	总编办：0431-88029858
	发行科：0431-88029836
邮　箱	SXWH00110@163.com
印　刷	山东海德彩色印刷有限公司

书　号	ISBN 978-7-5534-1602-1
定　价	25.80元

目　　录

Contents

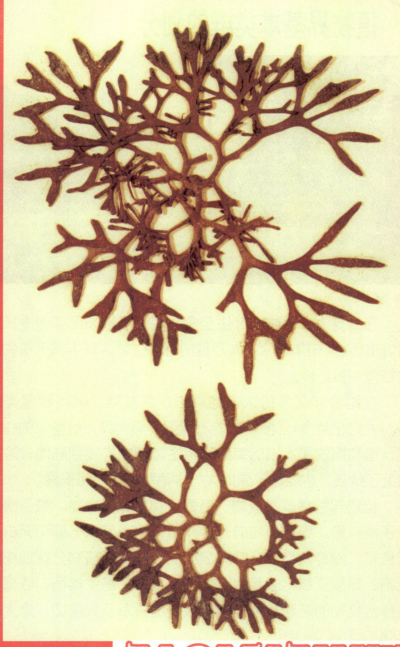

植物界基本类群的划分

美丽的自然景色

　　在地球上，从生命产生至今，经历了近35亿年的漫长发展与进化历程，形成了约200万种的现存生物，其中属于植物界的生物有30多万种。

　　在距今35亿年的太古地层中，就发现了菌类和藻类的化石。大约在距今4亿多年前的志留纪，具有真正维管束的植物出现，植物摆脱了水域的束缚，将生态领域扩展到陆地，为大地披上了绿装，也促进了原始大气中氧气的循环和积累。

　　植物界包括藻类植物、苔藓植物、蕨类植物、裸子植物和被子植物等。绿色植物借光合作用以水、二氧化碳和无机盐等无机物，制造有机物，并释放出氧。非绿色植物分解现成的有机物，释放二氧化碳和水。有些植物属于寄生类型，依靠寄主生存。植物的活动及其产物同人类的关系及其密切，是人类生存必不可少的一部分。

光合作用

地球上一切生物的生命活动不仅需要有机物质，而且消耗大量能量，而这些物质与能量绝大多数是由绿色植物通过光合作用提供的。光合作用是绿色植物利用太阳光能，将二氧化碳和水合成有机物质，并释放氧气的过程。

寄生植物

寄生植物以活的有机体为寄主，从寄主取得其所需的全部或大部分养分和水分。寄主被寄生植物寄生后，常常出现矮小、黄化、落叶、落果、不开花、不结实等现象，最终死亡。寄生植物主要有槲寄生、桑寄生、菟丝子、列当、肉苁蓉等。

绿色植物的环保作用

绿色植物能够净化污水，消除和减弱生活环境中的噪声，防风固沙，保持水土，涵养水源，吸收有毒物质，杀灭细菌，检测居住环境中的甲醛、二氧化硫、氯、氟、氨等气体污染。

绿藻

低等植物的定义

杉叶藻幼株

　　低等植物是植物界中起源最早而结构较为简单的一类植物，包括藻类植物、菌类植物、地衣植物三大类。低等植物的共同特征是：植物体构造简单，由单细胞、单细胞群体或多细胞构成；没有维管束，没有根、茎、叶的分化；生殖过程较为简单，生殖器官通常为单细胞结构；大多数生活在水中或潮湿的环境中。低等植物与高等植物的区别：高等植物有胚的结构，而低等植物在发育过程中不出现胚。

　　植物的胚位于种皮之内，是种子中具生命力的部分，由胚根、胚轴、胚芽和子叶四部分组成。当植物种子萌发时，胚细胞迅速分裂，胚根、胚轴和胚芽分别形成根、茎、叶及其过渡区。由于低等植物有合子不形成胚，而直接萌发形成新的个体，因此低等植物又称为"无胚植物"。

菌类植物

中国已知的食用菌有350多种，常见的有：香菇、草菇、蘑菇、木耳、银耳、猴头、竹荪、松口蘑（松茸）、口蘑、红菇、牛肝菌、羊肚菌、马鞍菌、块菌等。

地衣植物

地衣是藻类和真菌组合在一起共生的复合有机体。藻细胞进行光合作用为整个地衣植物体制造有机养分，而菌丝则吸收水分和无机盐，为藻类进行光合作用提供原料，并使藻细胞保持一定湿度。这样就构成了地衣与藻菌之间互惠互利的共生关系。

种子的颜色

植物种类不同，其种子的形状、大小、重量、颜色的差异都很大。在种皮的细胞中含有不同的色素，致使种子成熟后具有不同的颜色，例如豆类作物的种子就有红色、绿色、黄色、白色、黑色等颜色。

大叶藻须根

藻类植物的定义

　　藻类植物是一类比较原始的低等植物，其结构简单，类型多样，含有光合色素，同花草树木一样能进行光合作用。藻类植物没有真正的根、茎、叶的分化，以单细胞的孢子或合子进行繁殖。藻类植物大约有25 800种，广布于全世界。大多数藻类植物生活在海水或淡水中，少数藻类植物生活在潮湿的土壤、树皮或石头上。藻类植物在形态构造上的差异较大：小的为单细胞体或群体，只有在显微镜下才能看到；大的肉眼可见，有的还分化为多种组织，如生长在太平洋中的巨藻。多数藻类植物是鱼类的饵料，少数藻类植物可供人类食用，如海带、紫菜、发菜等。还有一部分藻类植物可以入药，如海人草。如果藻类植物大量繁殖和突然死亡，可造成水华和赤潮等环境问题。

杉叶藻幼株

　　根据所含色素种类、细胞结构、贮藏养料、生殖方式等，可将藻类植物分为绿藻门、裸藻门、轮藻门、金藻门、黄藻门、硅藻门、甲藻门、蓝藻门、褐藻门和红藻门等。

孢　子

　　孢子是生物所产生的一种有繁殖或休眠作用的细胞，能在恶劣的环境下保持自有的传播能力，并能在有利的条件下直接发育成新个体。

合　子

　　合子是指由雌配子（卵子）和雄配子（精子）结合形成的双倍体细胞，合子核的染色体数为配子核的两倍。合子的形成标志着受精过程的结束，是子代新生命的起点。

色　素

　　色素是指能使物体染上颜色的物质，分为无机色素和有机色素两类。无机色素一般是矿物性物质，有机颜料一般取自植物和海洋动物，如茜蓝、藤黄等。

杉叶藻

藻类植物的进化

　　藻类植物可能是由原始的光合细菌发展而来的。原始藻类植物，如蓝藻类所具有的叶绿素，很可能是由细菌绿素进化而来的。随着蓝藻类植物的产生，光合细菌类逐渐退居次要地位，而放氧型的蓝藻类植物则逐渐成为占优势的种类，释放出来的氧气逐渐改变了大气性质，使整个生物界朝着能量利用效率更高的喜氧生物方向发展。这个方向的进一步发展就产生了具有真核的红藻类植物。

　　藻类植物的第二个发展方向是在海洋里产生含叶绿素a和叶绿素c的杂色藻类。在开始的时候，藻胆蛋白仍继续存在于隐藻类植物体内，但进一步的进化，效率较低的藻胆蛋白没有继

念珠藻藻体

续存在的必要而逐渐被淘汰。

藻类植物的第三个发展方向是在海洋较浅处产生绿色植物。这类植物最终登上了陆地，进一步演化成为苔藓植物、蕨类植物和种子植物。在几亿年前，地球大气的含氧量已达到现在大气的10％，形成了臭氧屏蔽层，阻挡了杀伤生物的紫外线，使陆地具备了生命生存的条件。登上陆地后，光合生物的进化速度大大加快，大约5亿年时间，从原始的陆地植物发展到高等的种子植物。

光合细菌

光合细菌是指能利用光能和二氧化碳维持自养生活的一类细菌，在自然界中普遍存在，是地球上出现最早的原核生物。光合细菌在有光照，但缺氧的环境中能进行光合作用。

藻胆蛋白

藻胆蛋白是指在一类藻类中存在的具有强烈荧光性的红色、紫罗蓝色和蓝色蛋白质，主要见于蓝藻、红藻、隐藻、甲藻中，主要有藻红蛋白、藻蓝蛋白、藻红蓝蛋白、别藻蓝蛋白。

紫　外　线

紫外线是一种电磁波，波长小于可见光，是伤害性光线的一种，经由皮肤的吸收，会伤害人体的DNA。地球表面的大部分紫外线来自太阳，具体可分为短波紫外线、中波紫外线和长波紫外线三种。

蓝 藻 门

蓝藻门

　　蓝藻是最原始、最古老的藻类，其结构简单，没有典型的细胞核，因此又称为"蓝细菌"。它可以通过光合作用放出氧气。它的细胞内除含叶绿素和类胡萝卜素外，还含有藻蓝素，部分种类还含有藻红素。因所含色素的种类和多寡不同，藻体的颜色也不相同。本门藻类贮藏的食物主要为蓝藻淀粉。它的繁殖方法主要为细胞分裂或藻体断裂，不进行有性繁殖，主要分布在含有机质多的淡水中，部分生于湿土、岩石、树干上和海洋中，也有的种类与真菌共生成为地衣，还有的种类生活在植物体内。蓝藻喜欢较高的温度、强光和静水环境，少数种类能生活于85℃以上的温泉中或终年积雪的极地。本门的鱼腥藻属、念珠藻属和筒孢藻属等若干种有固氮作用，能增加土壤肥力；葛仙米、发菜、螺旋藻、海雹菜等可供食用。本门的藻类主要生活在淡水中，是淡水中重要的浮游植物。形成水华的蓝藻主要有：微囊藻、鱼腥藻、色球藻、螺旋藻、拟项圈藻、腔球藻、尖头藻、颤藻、裂面藻等。

细 胞 核

　　细胞核是细胞的控制中心，在细胞的代谢、生长、分化中起着重要作用，是遗传物质的主要存在部位，由核膜、染色质、核仁组成。其中，核膜是细胞核的主要构造。

光合细菌

　　光合细菌是地球上出现最早、自然界中普遍存在、具有原始光能合成体系的原核生物，是在厌氧条件下进行不放氧光合作用的细菌的总称。

藻 蓝 素

　　藻蓝素的颜色与蓝宝石类似，是一种可以食用的天然色素。它含有丰富的蛋白质和氨基酸，可以调节人体合成多种重要的酶，还能有效地增强人体的免疫能力。它主要从螺旋藻中提取。

狸藻植株

葛仙米

葛仙米

　　葛仙米，又名地木耳、天仙米等，属于蓝藻门念珠藻科念珠藻属，为单细胞藻类。葛仙米一般附生于水中的砂石间或阴湿的泥土上，在中国各地均有分布，以四川分布最多。葛仙米是中国传统的一种珍贵野生的药食两用蓝藻。相传在东晋时期，一个叫葛洪的道士，在闹灾荒的时候，采集了一种藻类植物食用，后来他又把这种藻类植物献给皇上。皇上就将这种藻类植物赐名为"葛仙米"。葛仙米营养丰富，含有多种维生素、氨基酸和矿物质，以及藻蓝素和藻胆蛋白。葛仙米可以药用，有消热、收敛、益气、明目的功效，主治夜盲症、脱肛症等，外用可治烧伤和烫伤。

　　葛仙米的细胞呈球形，无根、无叶，丝状体呈念珠状螺旋弯曲或彼此缠绕。藻体的外面有一层胶质，呈墨绿色。藻体湿润时，呈绿色，干燥后卷缩呈灰黑色。葛仙米属于念珠藻属，常见的食用念珠藻种类有普通念珠藻、球状念珠藻和发状念珠藻等。该属的许多种类有固定空气中游离氮的能力。

丝 状 体

丝状体是指由鞭毛蛋白紧密排列并缠绕而成的中空管状结构，呈纤丝状，伸出菌体外，作用类似于螺旋桨。

念珠藻属

念珠藻属属于念珠藻目，为淡水藻类，藻体多数为球形，少数呈不规则的球状或片状，外有质地十分坚韧的胶被。本属全世界有50多种，中国有42种，大多数种类都具有固氮作用。

氮 循 环

氮循环是指氮在自然界中的循环转化过程，是生物圈内基本的物质循环之一。最常见的过程是大气中的氮经微生物等作用进入土壤，被动植物利用，最终又在微生物的参与下返回大气中。

小珊瑚藻藻体

海雹菜

  海雹菜，又名海雹米，属于蓝藻门鞭枝藻科海雹米属，一般生长于海中高潮带附近的岩礁上，广泛分布于世界各大洋中，在中国主要分布于辽宁、江苏、浙江、福建、广东等地沿海，是一种可食用的经济藻类。海雹菜可以药用，具有解毒、利水、收敛、明目的功效，可以用于治疗水肿等症。海雹菜除了是供人类食用的优良藻类外，也是鱼类等水生动物的重要饵料。

  海雹菜的藻体呈球形或半球形，由多数长圆形细胞连接而成的丝状全体，埋没在胶质中形成。幼小的藻体中实，表面光滑，后来藻体逐渐变成空心的，而其表面变得皱缩。藻体由许多藻丝体组成，下部的藻丝体交织生长，上部的藻丝体的大部分直立，呈平行分枝或放射状排列，藻丝体末端尖细。藻体呈

海雹菜

暗蓝绿色或墨绿色，老熟的藻体呈棕黑色。蓝藻门的藻类是形成"水华"的主要藻类，海藋菜死后也会产生硫化氢，水生动物食用后会中毒，因此，在一定体积的水体中要控制海藋菜的数量。

高 潮 线

高潮线是指涨潮时海水在海岸上抵达的最高线界。不同时间的高潮线并不完全一致，通过测定和计算，可得出平均高潮线。

藻 丝 体

藻丝体是指藻体由短筒形细胞重叠成丝状群体。藻丝体直，几乎平行排列，上下端粗细不同，有明显的极性，没有细胞核。同一藻丝体上相邻的两个细胞间具明显的凹隘。

萱藻藻体

硫 化 氢

硫化氢是一种无色、易燃的酸性气体，浓度低时带恶臭，气味如臭蛋；浓度高时没有气味。它是一种急性剧毒物质，动物吸入少量高浓度硫化氢可在短时间内致命。

藻类植物的分布

被海浪冲上岸的海藻

　　藻类植物对环境条件要求不严，适应性较强，分布范围极广，甚至在营养浓度非常低、光照强度非常微弱和温度非常低的环境中也能生活。藻类植物不仅能生长在江河、溪流、湖泊和海洋中，而且也能生长在短暂积水或潮湿的地方。从热带到两极，从高山到平原，从池塘到江河湖泊，都有藻类植物的分布。大约90%的藻类植物生活在淡水或海水中，生活在淡水中的藻类植物称为"水藻"，生活在海水中的藻类植物称为"海藻"。还有生活在潮湿的岩石、墙壁、树干或土壤上的藻类植物，称为"亚气生藻"。

　　绿藻大部分生活在淡水中，只有一小部分生活在海水中。红藻绝大部分生活在海水中，只有约50种生活在淡水中。褐藻大部分生活在海水中，主要分布在冷水区，是北极和南极海中占优势的植物。蓝藻大部分生活在淡水中或陆地上。硅藻和甲藻分布范围极广，在海水、淡水、陆地都有分布。

光照强度

光照强度,简称照度,是指被光线照射的表面上所能接受的可见光的能量,主要用来衡量光照的强弱。它的单位为勒克斯,英文简写为lx。

北　　极

北极位于地球自转轴的北端。北极地区是指北极附近北纬66°34′(北极圈)以内的地区,该地区终年寒冷,有时会出现极夜和极昼的现象,是世界上人口最稀少的地区之一。

南　　极

南极位于地球自转轴的南端。南极地区是指南纬66.5°(南极圈)以内的地区,是南极大陆、南大洋以及附近岛屿的总称。该地区也会出现极夜和极昼的现象。

蜈蚣藻藻体

藻类的形态构造

　　藻类植物藻体的形态多种多样，有单细胞体、群体和多细胞体。单细胞体种类大多进行浮游生活，是小型或微型藻类，藻体有球形、椭球形、圆柱形、纺锤形、弓形、新月形等。群体的种类常呈球状、片状、丝状、树枝状或不规则团块状。

藻体细胞结构可分为细胞壁和原生质两部分。藻类植物大多数种类都有细胞壁，少数种类没有细胞壁。有细胞壁的种类，构造也不完全一样，一般随藻类门类的不同而不同。大多数藻类的细胞壁由外层的果胶质和内层的纤维质组成。原生质内分布有色素或色素体、蛋白核、同化产物等。色素体是藻类光合作用的场所，有杯状、盘状、星状、片状、板状和螺旋带状等。蛋白核通常由蛋白质核心和淀粉鞘组成，有的则无鞘。同化产物是由光合作用制造的营养物质。藻类的同化产物，由于各门藻类的色素成分不同而不同。

细 胞 壁

细胞壁是指包围质膜的一层坚硬而略有弹性的外壳，由纤维素、半纤维素、果胶质、木质素和蛋白质组成，分为胞间层、初生壁和次生壁三层。具有细胞壁是植物细胞的显著特征之一。

原 生 质

原生质是指由各种无机物质和有机物质构成的高度复杂的物质，是细胞有生命的部分，主要成分是蛋白质、核酸、脂类物质。植物细胞由原生质和细胞壁组成。

同化作用

同化作用是指生物体在新陈代谢过程中，从外界摄取物质，使它转化成自身的物质，并储存能量的过程。光合作用就是典型的同化作用。

铁 钉 菜

　　铁钉菜，又名铁线草、剪刀菜、铁菜、摇鼓铃，属于褐藻门铁钉菜科铁钉菜属，主要生长在中潮带和低潮带的岩石上或石沼中，一般分布于中国东南沿海。本种是北太平洋西部特有的亚热带海藻。铁钉菜是药食两用的藻类植物，含有蛋白质、褐藻酸、多糖、钾、碘等营养物质。中医认为，铁钉菜具有软坚散结、解毒的功效，可用于治疗淋巴结肿、甲状腺肿、喉炎等症，驱虫的效果也非常好。

　　铁钉菜的藻体呈褐色，革质，直立，丛生，高5～15厘米，具有复叉状分枝，枝呈圆柱状，稍有棱角或扭曲，枝顶扁圆。藻体成熟时，枝端颜色较淡，干后呈黑色，体质坚硬，形状似铁钉，因此得名。干燥的藻体在水浸展平后，呈灰褐色至黄绿

热带环境

藻类植物

20

色。本属的另一种植物——叶状铁钉菜的藻体呈黄褐色至黑褐色，高5～15厘米，宽0.5～2厘米，扁平叶状，具有规则或不规则的复叉状分枝，有时在枝端下部膨起，中空，含有气体。干燥的叶状铁钉菜在水中展平后，叶状体呈绿褐色。

热　带

热带，南北回归线之间的地带，地处赤道两侧，位于南北纬23°26′之间，占全球总面积的39.8%。这一地带终年能得到强烈的阳光照射，气候炎热。

亚　热　带

亚热带，又称为"副热带"，是地球上的一种气候地带，位于温带靠近热带的地区，是热带与温带之间的一个重要过渡地带。其最冷月平均温度在0℃以上。

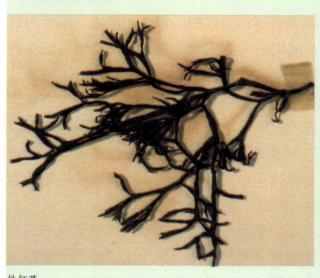

铁钉菜

叶　状　体

叶状体是指在外形上类似叶片状的植物体，大多为藻类植物、真菌和苔类植物。它没有根、茎、叶的分化，没有输导组织，其形态、大小和组织分化的程度各不相同。

藻类的颜色

藻类的颜色

　　藻类植物的细胞含有各种各样的色素，而色素组成标志着进化的方向，是藻类植物分门的主要依据。藻类植物的细胞内除含叶绿素、叶黄素和胡萝卜素外，还含有藻蓝素、藻褐素、藻红素等，各门藻类分别具有特殊的色素。藻类植物因所含色素种类与数量的不同而显现出不同的颜色，如蓝藻门的藻类藻体呈蓝绿色，褐藻门的藻类藻体呈褐色，绿藻门的藻类藻体呈绿色，金藻门的藻类藻体呈金黄色等。绿藻、裸藻和轮藻的叶绿素组成与高等植物的相同，藻体呈绿色。

　　由于藻类颜色不同，富含该种藻类的水体也会呈现不同的颜色。如果水体中的藻类主要是硅藻，则水体的颜色呈褐色；如果水体中的藻类主要是硅藻，同时还有裸藻和绿藻，则水体的颜色呈黄绿色；如果水体中的藻类主要是绿藻和裸藻，则水体的颜色呈嫩绿色；如果水体中的藻类主要是隐藻，同时还有蓝藻和裸藻，则水体的颜色呈黑褐色；如果水体中的藻类主要是蓝藻，同时含有较多的褐藻等，则水体的颜色呈暗绿色。

叶 绿 素

叶绿素是植物进行光合作用的主要色素，吸收大部分的红光和紫光，反射绿光。叶绿素存在于所有能进行光合作用的生物体内，包括绿色植物、原核的蓝绿藻和真核的藻类。

叶 黄 素

叶黄素，又名"植物黄体素"，是植物色素的一种，也是一种重要的抗氧化物质，参与光合作用，能够将吸收的光能传递给叶绿素a。它广泛存在于植物体内，在人体内不能合成。

铜藻藻体

胡萝卜素

胡萝卜素是植物色素的一种，为橙色，也能够参与光合作用。胡萝卜素是一种抗氧化物质，在肝脏中可以转变成维生素A。橙色和深绿色的蔬菜和水果中的胡萝卜素含量较高。

金藻门

　　金藻门是藻类植物的一门。藻体为单细胞或集成群体，浮游或附着生活。单细胞游动的种类没有细胞壁，而有细胞壁的种类，其组成物质主要是果胶，细胞壁上分布有硅质或钙质的小片。藻体除含叶绿素外，还含有较多的胡萝卜素和叶黄素，因此呈金黄色。金藻门藻类植物贮藏的食物是金藻糖和油类物质。该门植物繁殖时，常以细胞纵分裂增加个体，有性繁殖很少见，多数属于同配生殖。金藻多分布于淡水水体，生活在透明度较大、温度较低、有机物质含量低的水体中，在水体中主要分布于中层和下层。金藻对温度变化敏感，多在寒冷季节，如早春和晚秋生长旺盛。浮游金藻是水生动物的天然饵料，硅鞭金藻死亡后，遗骸沉于海底，可能会成为化石，为地质年代的鉴别提供重要依据。某些金藻的大量繁殖可形成赤潮或水华。

油类物质

果　　胶

　　果胶是植物中的一种多糖，通常为白色至淡黄色的粉末，稍带酸味，具有水溶性，主要存在于多种高等植物的细胞内。果胶可以作为胶凝剂、增稠剂、稳定剂、悬浮剂、乳化剂应用于食品工业中。

金　　藻

　　金藻，又名金褐藻，藻体为金褐色，主要分布在温度较低的清澈淡水中，一般在较寒冷的冬季、晚秋和早春等季节生长旺盛。它除了含有叶绿素、类胡萝卜素和叶黄素以外，还含有金藻素。

油类物质

　　油类物质是常温下为液态的憎水性物质的总称，主要有植物油、动物油、矿物油和香精油等。植物油和动物油还可以分为食用油和非食用油。

鼠尾藻藻体

石 花 菜

　　石花菜，又名海冻菜、凤尾等，属于红藻门石花菜科石花菜属，是多年生藻类植物，一般生长于浅海海底的岩石上，在中国黄海和东海沿海均有分布。石花菜含有丰富的矿物质和维生素，它所含的褐藻酸盐具有降压作用，褐藻淀粉具有降血脂的功效，对高血压和高血脂有一定的防治作用，对流感病毒和腮腺炎病毒有抑制作用。它还含有大量的多糖，是提炼琼脂的主要原料，琼脂可用来制作果冻等食品。它的叶状体可以药用，具有清肺化痰、清热、滋阴降火、凉血、解暑的功效，适合便秘的人食用。在食用时，可适当添加一些姜末，以缓解其寒性。

　　石花菜的藻体高20～30厘米，呈紫红色或橙色，软骨质，

通体透明。它的固着器呈假根状，有相对整齐的羽状分枝。它是雌雄异株植物，主要进行有性繁殖。幼体长到一定大小后，在水平方向从基部上长出匍匐枝，匍匐枝能够不断蔓延生长。匍匐枝繁殖是石花菜特有的营养繁殖方式，在石花菜的养殖过程中，这种繁殖形式有很重要的意义。如果将石花菜的分枝或主枝切除下来，残留在岩石上的部分切口处，仍能发出新芽，并继续生长形成完整的个体。被切除下来的枝体，如果夹在苗绳上，便会继续生长。石花菜的分枝筏式养殖技术，就是利用枝体能离体生长的特性，从自然海区采收石花菜作种菜，然后劈枝并夹在苗绳上进行培养。

矿 物 质

矿物质是除了碳、氢、氮和氧之外，生物必需的化学元素之一，也是构成人体组织、维持正常的生理功能和生化代谢等生命活动的主要元素，人体自身不能产生和合成。

褐藻酸盐

褐藻酸盐是指从褐藻中提取的褐藻酸的盐类，主要为钠盐。它可以作为稳定剂应用于食品加工业，可以代替淀粉应用于纺织工业等。海带、马尾藻等大型藻类植物可以用来提取褐藻酸盐。

琼 脂

琼脂是无色、无固定形状的固体，溶于热水，主要从石花菜、江蓠等藻类植物中提取。它是植物胶的一种，在食品工业、医药工业、日用化工、生物工程等许多方面有着广泛的应用。

藻类的营养繁殖

营养繁殖是指植物营养体的一部分从母体分离，进而直接形成一个独立生活的新个体的繁殖方式。藻类植物的营养繁殖的类型主要有：细胞分裂，有些单细胞藻类植物通过细胞分裂来进行繁殖；断裂，一些群体、丝状体或叶状体的藻类，由于动物摄食、流水冲击或细胞间胶质膨胀分离等作用，使藻体断裂或破裂成小的断片、小块或小段，每一个断片、小块或小段能再生成一个成熟的藻体；出芽，有的藻类植物的泡囊状的气生部分常生出一个侧芽，小芽脱离母体后发育成具有自己假根的另一个新藻体；珠芽，有的藻类植物，在其藻体基部的假根上或茎基节上可长出小结节，称为珠芽，珠芽可生长发育成新的轮藻体；藻殖段，是丝状体的繁殖小段，每个藻殖段发育成一个新的丝状体；繁殖枝在黑顶藻属中（褐藻门），有某种变形枝，通常为楔形，具有两个或三个短的或长的突起，这种结

狸藻植株

藻类植物

28

构称为繁殖枝，每个繁殖枝脱离母体后能够生长发育成新的植物体。

番　薯

　　番薯，又名红薯、甘薯、地瓜等，属于旋花科番薯属，为多年生蔓生草本植物，主要有红薯、白薯、紫薯等品种。它的块根可以食用，还可以制糖和酿酒等。

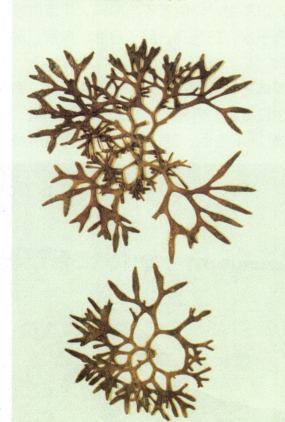

鹿角菜藻体

马　铃　薯

　　马铃薯，又名土豆、山药蛋、洋芋等，属于茄科茄属，为多年生草本植物，但常做一年生栽培。地下块茎具有多种形状，可以食用，它是重要的蔬菜作物之一。

草　莓

　　草莓，又名红莓、洋莓、地莓等，属于蔷薇科草莓属，为多年生草本植物。草莓的浆果为红色，呈心形，果肉多汁，具有浓郁的水果芳香，含有丰富的维生素C。

褐藻门

　　褐藻门是藻类植物的一门，也是藻类中比较高级的一大类群，主要生活在海中，一般为冷水性海藻，多生长在寒带、南极和北极的海中。褐藻的许多种类都可以被人们利用，是重要的经济海藻。褐藻可提取甘露醇、褐藻淀粉、褐藻胶、碘、钾等，供食品、制药、防治等工业使用。褐藻体中的褐藻胶，主要成分为褐藻酸的盐类，以海带、马尾藻等为原料，用浓度较低的碱溶液溶出制成，溶于水，黏度高，用于食品、橡胶、医药等工业。

　　褐藻门藻类植物的藻体为多细胞，没有单细胞和群体，有些种类体型很大，构造也较复杂，外部形态看起来好像有根、茎、叶的分化，但并不是真正的根、茎、叶。褐藻含有叶绿

海藻生长的环境

素、叶黄素、胡萝卜素和褐藻素。由于所含色素的比例不同，植物体的颜色差别很大，多呈褐色。褐藻门藻类植物贮藏的食物主要是褐藻淀粉和甘露醇，部分为油类物质。该门植物的繁殖方式有营养繁殖、无性繁殖和有性繁殖三种。

甘 露 醇

甘露醇是白色针状晶体，溶于热水、吡啶和苯胺，溶解时吸热，不溶于醚。它具有甜味，其甜度相当于蔗糖的70%，可用于加工醒酒药、咀嚼片等。

褐藻多糖

褐藻多糖是指从海藻中提取的多糖类物质，主要包括褐藻胶、褐藻糖胶和褐藻淀粉。能够提取褐藻多糖的海藻主要有海带、巨藻、泡叶藻、墨角藻等。

碱

碱的学名为碳酸钠，是一种强碱盐，为白色粉末或颗粒，没有气味，具有碱性和吸湿性，溶于水和甘油，微溶于乙醇，不溶于丙醇，具有弱刺激性和弱腐蚀性，直接接触可引起灼伤。

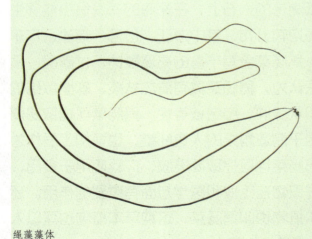

绳藻藻体

31

鹅 肠 菜

鹅肠菜

　　鹅肠菜，又名鸡肠菜、小海带、野海带、鹅蛋菜、面筋菜、土海带，属于褐藻门萱藻科萱藻属，主要生长于风平浪静的内湾中潮带和低潮带的岩石上，在深海的海底很少能够生存，在中国东南沿海均有分布，其中浙江、台湾、福建、广东等地沿海分布较多。鹅肠菜含有丰富的褐藻酸钠、甘露酸、蛋白质、钾、碘。中医认为，鹅肠菜具有清热祛痰、软坚散结的功效，可用于治疗甲状腺肿、肺结核等症。鹅肠菜可提取褐藻酸钠，褐藻酸钠可用于制造耐火的人造纤维，也可加工后作为皮革等的光泽剂。鹅肠菜也可提取褐藻胶，广泛应用于食品、造纸等工业。这些提取物在工业和医学方面有重要的作用。还有一种石竹科的草本植物也叫鹅肠菜，这种草本植物也可以入药，具有清热解毒、凉血的功效。

　　鹅肠菜体高10～20厘米，藻体呈暗褐色，幼体颜色较浅，丛生，扁平。叶片状，宽2～4厘米，质薄，线性，全缘，中上部略宽大，顶端钝圆，成熟时顶端常呈腐蚀状。藻体基部生有小盘状固着器和短柄。

潮　汐

　　潮汐是海水的一种周期性涨落的现象，是由月球和太阳对地球各处引力不同而造成的。中国古代将发生于白天的海水涨落称为"潮"，将发生于晚上的海水涨落称为"汐"。

褐藻胶

　　褐藻胶是从褐藻中提取的褐藻酸的钠盐、钾盐、钙盐、镁盐等制品的统称，可应用于食品、纺织、橡胶、医药等工业生产中。褐藻胶广泛存在于巨藻、海带、昆布、鹿角菜、墨角藻和马尾藻等海藻中。

褐藻酸钠

　　褐藻酸钠是从褐藻中分离出的重要化合物，为白色或淡黄色粉末，无臭，无味，不溶于乙醇、乙醚、氯仿和酸，具有止血的作用。

鹅肠菜幼株

海　蕴

　　海蕴属于褐藻门海蕴科，是非常原始的一类藻类。它的构造、生殖方式和生活史都比较简单，主要附生在生长于中潮带和低潮带的大型海藻上，也有的个体生长在潮间带的岩石上，在中国沿海均有分布。海蕴的营养价值很高，不仅含有丰富的蛋白质、碳水化合物、脂肪、无机盐、维生素、膳食纤维，还含有大量的氨基酸、多糖等营养物质。中医认为，海蕴具有消痰软坚、利水消肿、降低胆固醇含量的功效，可用于治疗甲状腺肿、喉炎、支气管炎等症。

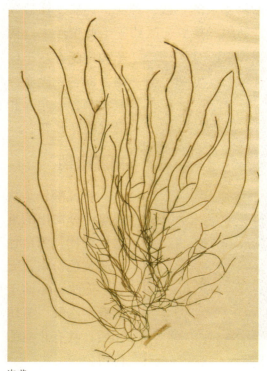

　　海蕴的藻体是由单列细胞组成的丝状体，线形，极黏滑，呈浅褐色或黄绿色，长成成体后逐渐变成黄褐色或暗褐色，高10～15厘米或更长。藻体具有分枝，质柔软，稍中空，互生、对生或偏于一侧，分枝顶端常常延伸成无色的毛；基部以盘状或假根状分枝的丝体固着在基质上。

氨 基 酸

　　氨基酸是构成生物蛋白质的基本物质，含有一个碱性氨基和一个酸性羧基，能在植物或动物组织中合成，是蛋白质的结构单元，可由蛋白质水解得到，在组织的代谢、生长、维护和修复过程中起重要作用。

多　　糖

　　多糖是由超过10个以上的单糖组成的高分子碳水化合物，包括淀粉、纤维素和糖原。多糖类物质不溶于水，没有甜味，不能形成结晶，没有还原性，分为均一性多糖和不均一性多糖两类。

碳水化合物

　　碳水化合物是自然界存在最多、分布最广的一类重要的有机化合物，包括葡萄糖、蔗糖、淀粉和纤维素等，由碳、氢和氧三种元素组成。它是生物体维持生命活动的能量来源。

藻类生长环境

藻类的无性繁殖

无性生殖是指通过产生不同类型的孢子进行生殖的方式，又称为"孢子生殖"。孢子从母体分离后，直接发育成新个体。在藻类植物中，最普遍的无性生殖方式是产生具鞭毛、能游动的游动孢子。在不同的藻类植物类群中，游动孢子的形态是各种各样的。此外，藻类植物还产生多种无鞭毛、不能游动的特化细胞，也能起无性生殖体的作用。孢子的类型有动孢子、不动孢子、似亲孢子、休眠孢子、厚壁孢子、外生孢子、内生孢子和中性孢子等。其中动孢子是单细胞、无细胞壁、具有鞭毛的结构，能迅速运动；不动孢子没有鞭毛，不能运动，外周分泌一层细胞壁，是对干旱环境条件的适应；似亲孢子是一种与母细胞具有相同形态、结构特征的不动孢子；休眠孢子没有鞭毛、不能运动，细胞壁变得很厚，能抵抗不良环境条件。

五刺金鱼藻

繁　殖

　　繁殖是指生物产生新的个体的过程，是生物延续种族的生理过程，是所有生命都有的基本现象之一，它可分为有性繁殖和无性繁殖两类。有些生物的繁殖方式是有性和无性两种方式的结合。

特化细胞

　　特化细胞，又称为"终端分化细胞"，如神经细胞、肌肉细胞等。这些细胞具有不可逆的脱离细胞周期，丧失了分裂能力，仍保持着生理功能。

干　旱

　　干旱是指淡水总量少，不能满足人的生存和经济发展的自然现象，分为土壤干旱和大气干旱两类。按持续的时间，干旱还可以分为连续性干旱、季节性干旱和突发性干旱三类。

干旱

藻类的有性繁殖

狸藻植株

　　有性繁殖是指由两个称为"配子"的有性繁殖细胞，经过彼此融合的过程，形成合子（或称受精卵），再由合子发育为新植物体的繁殖方式。在藻类植物中，有性繁殖是进化过程的比较进步的阶段，进行有性繁殖的细胞称为"配子"。

　　藻类植物的有性繁殖可以分为同配生殖、异配生殖或卵配生殖。在同配型有性繁殖中，两个相融合的异性配子具有相似或相同的形状、大小、结构和运动能力等特征。绿藻门中的盘藻属、石莼属、刚毛藻属和褐藻门中的水云属等藻类的有性繁殖为同配生殖。

　　在一些藻类中，两个相融合的异性配子虽然在形态、结构上相同，但遗传性、大小和运动能力方面则不相同。绿藻门中的松藻属和褐藻门中的马鞭藻属等藻类的有性繁殖为异配生殖。有些藻类植物，两个相融合的配子在遗传性、形状、大小和结构等方面都不相同。绿藻门中的团藻属、轮藻属，褐藻门中的海带属、墨角藻属和红藻门中的藻类的有性繁殖为卵配生殖。

藻类植物的有性繁殖是沿着由同配生殖到异配生殖，再到卵配生殖的方向演化的。卵配生殖是藻类植物有性繁殖进化过程中的最高阶段。

盘 藻 属

盘藻属属于绿藻门绿藻纲团藻目团藻科，是一种淡水藻类，全世界均有分布，主要生活于营养丰富的淡水水体中。它的藻体是由4、16或32个细胞排列而成。

松 藻 属

松藻属于绿藻门绿藻纲松藻目松藻科，主要生活于海水中，固着生活于海边岩石上。植物体为管状分支的多核体，许多管状分支相互交织，外观叉状分支，非常像鹿角。

二叉仙菜藻体

轮 藻 属

轮藻属于轮藻门轮藻纲轮藻目轮藻科，全世界均有分布，多生活于钙质丰富、有机质较少、呈微碱性的淡水或半咸水中，少数生活在湖、池塘和沼泽中。植物体上往往有钙质沉积。

绿 藻 门

　　绿藻门是藻类植物中的一门，种类繁多，分布极广，主要生活在淡水中，在潮湿和阳光所及之处均有分布，除了江河、湖泊、沼泽和临时积水中生活有大量的种类外，阳光充足的潮湿环境，如土表、墙壁、树干，甚至树叶表面都能见到不同的种类。少数绿藻门的藻类植物生活在海中、湿泥、岩石、树干上或附着动植物体外，部分种类与其他生物共生，如海洋中的珊瑚、海绵，还有一些种类与真菌共生成为地衣。海产底栖的石莼、浒苔、礁膜等种类具有较大的经济价值，既可食用又可提取胶质。本门不少种类可作鱼类的饵料和家畜的饲料，淡水绿藻是淡水水体中藻类植物的重要组成部分，是重要的滤食性鱼类的饵料。本门的石莼可入药。含石灰质较多的本门种类还可以帮助造岩、造礁。本门的刚毛藻、水绵等丝状绿藻能在管

理不善的养殖池塘大量发生，是养殖池塘的有害藻类。

　　绿藻门藻类植物的藻体呈草绿色，有单细胞、群体和多细胞个体等类型。多细胞个体的形状有球状、分枝或不分枝的丝状或片状等。除少数种类的原生质体裸露、没有细胞壁外，绝大多数种类都有细胞壁。它们的细胞壁主要由纤维素组成，外层为果胶质。细胞含一至多个细胞核。它们的叶绿体的形状和数目因种类不同而有所不同，所含色素的成分与高等植物相似。在它们的体内叶绿素占优势，因而植物体呈绿色。细胞分裂是绿藻门藻类植物最常见的繁殖方式，也可以形成各种孢子，有性繁殖方式为同配生殖、异配生殖和卵式生殖。

共　　生

　　共生是指两种不同生物共同生活在一起的一种现象，两种或两种中的一种生物由于不能独立生存而共同生活在一起，或一种生物生活于另一种体内，分别获得一定利益。共生可分为专性共生和兼性共生两种。

寄　　生

　　寄生是指一种生物生于另一种生物的体内或体表，后者给前者提供营养物质和居住场所。前者称为"寄生物"，后者称为"宿主"。主要的寄生物有细菌、病毒、真菌和原生动物。

腐　　生

　　腐生是指一些微生物靠分解有机物或已死的生物体以维持生活的现象，如大多数的丝状真菌、酵母菌、细菌等。土壤中的腐生生物的有氧分解作用，是物质循环的必要环节。

走进大自然
ZOU JIN DA ZI RAN

刺 松 藻

　　刺松藻，又名刺海松、软软菜等，属于绿藻门松藻科刺松藻属，生长在低潮带的岩石上，在中国渤海和黄海等地均有分布。该藻类植物的幼藻体可以鲜食。它的幼藻体含有丰富的蛋白质、脂肪、碳水化合物，还含有多种维生素和矿物质等营养物质，是中国沿海居民经常食用的藻类植物。它的食用方法多样，口感独特，可做汤、凉拌或直接蘸酱。中医认为，刺松藻具有清热解毒、消肿利水、驱虫的功效，可用治疗于水肿、小便不利等症。

　　刺松藻的藻体高10～30 厘米，呈暗绿色，为海绵质体，被白色绒毛，具有叉状分枝，分枝呈圆柱状，分布于藻体上部的分枝密，形似扇状。

刺松藻

蛋白质丰富的食物

蛋 白 质

　　蛋白质是一类生物大分子物质，广泛存在于生物体的每一个细胞内，是生命活动的物质基础。它主要由20多种氨基酸按不同比例组合而成，在生物体内不断进行代谢与更新。

海 绵

　　海绵是最低等的多细胞动物，结构较简单，是5000多种原始多细胞水生动物的统称，多数为块状物，没有嘴，没有消化腔，也没有中枢神经系统，呈灰黄色、褐色或黑色。

扇 子

　　扇子是一种用于煽风、降温的工具，主要用竹篾、绢、鸟羽、葵叶、纸等制成，在中国有着悠久的历史，具有深厚的文化底蕴，是中国古代文人喜爱的随用用品。

蛎 菜

钩凝菜藻体

　　蛎菜是一类大型藻类植物，又名海青菜、岩头青、蛎皮菜，属于绿藻门石莼科，生长在高潮带和中潮带的岩石上。本种藻类植物是北太平洋西部特有的暖温带性海藻，在中国沿海均有分布，以浙江至广东沿海分布最多，生长周期长，终年可见，在中国野生数量很大。蛎菜含有丰富的藻胶、碳水化合物、维生素和氨基酸，并且无机盐的含量较高，而且铁、钙等矿物质元素的含量也较高。中医认为，蛎菜具有清热解暑、软坚散结、利尿、消水肿等功效，可用于治疗中暑、甲状腺肿、水肿等症。中国广东沿海居民在夏天常用蛎菜泡凉茶饮用，据说可以解暑。蛎菜也是养殖鱼类的重要饵料。

　　蛎菜的藻体高2～3厘米，呈绿色，片状，膜质，由两层细胞组成，丛生，自叶缘向基部深裂成许多裂片，互相重叠，似重瓣花朵。藻体干缩后呈团块状，干藻体水浸展平后，味淡。

维 生 素

维生素是人和动物从食物中获得的一类微量的低分子有机化合物。它的种类很多，化学结构各不相同，在调节物质代谢、促进生长发育和维持生理功能等方面具有重要作用。

无 机 盐

人体中含量较多的无机盐有钙、镁、钾、钠、硫、氯等7种元素，这些元素被称为"大量元素"；其他元素如铁、铜、碘、锌、锰和硒等，在人体中的数量较少，被称为"微量元素"。

凉 茶

凉茶，又名"百草茶"，广泛流行于中国南方地区，是一种能够清热解暑的药草茶。罗汉果、菊花、大青叶、金银花、板蓝根、玫瑰、甘草、茯苓等植物都适合制作凉茶。

中式凉茶

藻类的生活史

生活史，又称为"生活周期"，是指某种生物在整个发育阶段中所经历的全部过程，或一个个体从出生到死亡所经历的各个时期。

藻类植物的生活史有营养生殖型，无性生殖型，有性繁殖型和无性、有性繁殖混合型等四种类型。营养生殖型的生活史仅有营养生殖，只能以细胞分裂的方式进行生殖，蓝藻和裸藻等一些单细胞藻类属于此类。无性生殖型的生活史中没有有性繁殖，没有减数分裂，如小球藻、栅藻等。有性繁殖型有双相型和单相型两种类型。双相型有性繁殖的生活史中仅有一个双倍体的藻类，只进行有性繁殖，减数分裂发生在产生配子之前，硅藻和褐藻门鹿角藻目就属于这种类型；单相型有性繁殖的有水绵和轮藻。无性和有性繁殖混合型是指生活史中既进行无性生殖，又进行有性繁殖的藻类植物，

杉叶藻植株

这两个时期可随生活环境的改变而出现，也可以是生活史中相互交替的两个阶段。

细胞分裂

细胞分裂是一个细胞分裂为两个细胞的过程，有时一个细胞也能分裂为多个细胞。它是细胞繁殖的方式。细胞分裂可分为原核细胞的分裂和真核细胞的分裂两种，包括核分裂和胞质分裂两部分。

减数分裂

减数分裂是指有性繁殖时，两性生殖细胞结合形成合子，再由合子发育成新个体，生殖细胞中的染色体数目是体细胞中的一半，我们称这种现象为"减数分裂"。

二 倍 体

二倍体是指由受精卵发育而来，且体细胞中含有两个染色体组的生物个体。人和几乎全部的高等动物，还有一半以上的高等植物都是二倍体。但人体中，精子和卵子是单倍体。

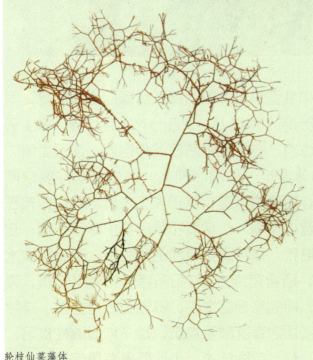

轮枝仙菜藻体

扁江蓠藻体

小 球 藻

　　小球藻是一种单细胞球形水藻，属于绿藻门小球藻属，早在5.4亿年前就已经出现在地球上，现在分布于全世界，多生活在较小的浅水中，也有一些种类生活在各种容器、潮湿土壤、岩石和树皮上。小球藻是一种海产种类，对生长条件要求简单，环境耐受性强，繁殖速率高，易于人工大量培养。分布在中国的小球藻为椭圆小球藻、小球藻和蛋白核小球藻三种，它们都可以进行人工培养。该种藻类植物的蛋白质、脂肪和碳水化合物含量都很高，还含有维生素C和多糖等抗氧化物质，具有增强人体免疫力、抑制癌细胞增殖、降低胆固醇含量、排除人体毒素等作用。它还含有叶酸等物质，是一种弱碱性食品，是优良的食品加工原料。中医认为，小球藻具有清热化痰、利

水解毒、软坚散结的功效，可用于治疗喉炎、咳嗽、水肿、肝炎等症，对于缺铁性贫血也有一定的治疗作用。小球藻现在已经加工成片剂、胶囊、粉剂等多种形式的产品。

小球藻藻体的直径只有3～8微米，常单生，也有多数细胞聚于一起的种类，含有丰富的叶绿素，藻体呈绿色，是一种高效的光合植物。它的细胞多为球形、椭圆形。

片 剂

片剂是指由药物与辅料均匀混合后压制而成的片状制剂，以口服普通片为主，也有含片、舌下片、口腔贴片、咀嚼片、分散片、泡腾片等。它的用量准确，体积小，便于服用、贮存和运输。

胶 囊

胶囊是用食用明胶制成的囊状物，分为缓释胶囊、控释胶囊、肠溶胶囊三种。将味苦或刺激性大的药粉按剂量装入胶囊中，服用装有药物的胶囊，在保护药性的同时，可以保护消化器官和呼吸道。

粉 剂

粉剂，又称为"散剂"，是指将一种或数种药物经粉碎、混匀而制成的粉末状制剂，按用途，可分为溶液散、煮散、吹散、内服散、外用散等。粉剂具有表面积较大，奏效快的特点。

胶囊

藻类的分类

大叶藻植株

　　根据生态特点，藻类植物可为浮游藻类植物、飘浮藻类植物和底栖藻类植物。浮游生长在水体中的藻类植物称为"浮游藻类植物"，如硅藻门、甲藻门和绿藻门的单细胞种类；飘浮生长在水体上的藻类植物称为"飘浮藻类植物"，如马尾藻类；固着生长在一定基质上的藻类植物称为"底栖藻类植物"，如蓝藻门、红藻门、褐藻门、绿藻门的多数种类。

　　海藻根据生长地点温度的差异可分为三种类型：冷水型，生长和生殖的最适温度小于4℃；温水型，生长和生殖的最适温度为4℃～20℃；暖水型，生长和生殖的最适温度大于20℃。

　　藻类学家一般将藻类分为11个门：蓝藻门、金藻门、黄藻门、硅藻门、甲藻门、隐藻门、裸藻门、绿藻门、轮藻门、褐藻门、红藻门。其中与人类关系较为密切的是蓝藻门、绿藻门、褐藻门和红藻门。水体中某些蓝藻的数量可以作为水质污染的指标；绿藻门的藻类植物的数量最多，有6700种左右；褐藻门的藻类植物的进化地位较为高级，绝大多数为可食用藻类，海带就属于该门；红藻门的绝大多数种类生活在海水中，紫菜就属于该门。

水质污染

水质污染是指由于人类活动改变了天然水的性质和组织，使水的使用价值迅速降低的现象，污染的水危害人和动物的健康，主要有生理性污染、物理性污染、化学性污染和生物性污染4种。

生物进化

生物进化是指一切生物发生和发展的演变过程。这种进化是从水生到陆生、从简单到复杂、从低等到高等的过程，但在进化的过程中，也存在着特化和退化的现象。

可食用藻类

可食用藻类是指人和动物可以食用，并且没有任何副作用的藻类植物，而且很多可食用藻类也具有药用价值。海洋中藻类植物共有10 000多种，人类可以食用的藻类植物有70多种。

海萝藻体

浮游藻类植物

浮游藻类植物生活在水层中，进行浮游生活，又称为"浮游植物"。浮游藻类的个体非常微小，其形态结构通常用肉眼是看不到的，必须用显微镜将其放大之后才能够看见。该类藻类植物的个体虽然很小，但是种类和数量却非常多，包括了藻类的绝大部分。生活在海洋中的硅藻、甲藻和蓝藻的浮游种类是海洋初级生产力的重要组成部分，被称为"海洋牧草"。生活在淡水中的蓝藻、裸藻和隐藻常形成水华，使池水表现出各种颜色。在海洋中有许多浮游藻类植物能大量繁殖形成赤潮。

浮游藻类植物可以通过光合作用将无机物转换成新的有机化合物，并释放出大量的氧气。而且浮游藻类植物是鱼类和其他水生动物的重要饵料。不论是海水还是淡水，不论是自然水

狸藻叶

体还是人工养殖水体，浮游藻类的种类组成和数量变动，都可随着环境条件和时间而有明显的季节变化，也可受人类活动的干扰而变化。

浮游藻类根据大小可以分为三类：小型浮游藻类植物、微型浮游藻类植物和超微型浮游藻类植物。

显 微 镜

显微镜是一种由一个透镜或几个透镜的组合构成的光学仪器，是用于放大微小物体使人类用肉眼就能看到这些微生物的仪器，主要分为分光学显微镜和电子显微镜两种。

海洋初级生产力

海洋初级生产力，也称为"海洋原始生产力"，是指浮游植物、底栖植物和自养细菌等通过光合作用制造有机化合物的能力。它的大小与光照强度、海水中氮和磷的含量等因素有关。

水生动物

水生动物是指在水中生活的动物。水生动物可分为海洋动物和淡水动物两种。鱼、海葵、海蜇、珊瑚虫、乌贼、章鱼、虾、蟹、海豚、鲸、龟等都是常见的水生动物。

鸡毛菜藻体

甲 藻 门

角叉菜藻体

　　甲藻门是藻类植物的一门，分布十分广泛，在海水、淡水和半咸水均有分布，多数种类生活在海洋中，几乎遍及世界各大海域，是海洋浮游生物的一个重要类群。该门的藻类植物通过光合作用，合成大量有机化合物，是海洋小型浮游动物的重要饵料之一。属于该门的夜光藻具有在晚上发光的特性，人类可以利用这种特性来探索和追踪鱼群，这种方法已经应用在海洋渔业生产上。某些甲藻是形成赤潮的主要生物，引起赤潮的生物种类不同，其危害程度和方式也不同，一些赤潮种类可使海水缺氧、堵塞动物的呼吸器官而导致动物窒息。有些甲藻可分泌毒素，毒害其他水生生物。

　　该门藻类植物的多数种类为单细胞，少数种类为丝状体或由单细胞连成的各种群体。该类细胞具有含有纤维素的细胞壁，少数种类的细胞裸露没有细胞壁。细胞壁由多个具角、刺或突起的板片组成。藻体含叶绿素、胡萝卜素和藻黄素，呈黄绿色、棕黄色或红褐色，少数种类无色。该门藻类植物贮藏的食物是淀粉和脂肪，繁殖方法主要为细胞分裂，有性繁殖非常少见。

浮游生物

浮游生物是指生活在水中且缺乏有效移动能力的漂流生物。它可分为浮游植物和浮游动物两类。部分浮游生物具游动能力，但其游动速度往往比它自身所在的洋流流速慢。

浮游植物

浮游植物大都由一个细胞组成，多数为悬浮于水中的微小藻类植物，广泛分布于河流、湖泊和海洋中。淡水中的浮游植物主要有蓝藻、绿藻、硅藻等，海水中的浮游植物主要有硅藻、甲藻等。

浮游动物

浮游动物是指悬浮于水中的水生动物，它们的身体一般都很微小，要借助显微镜才能观察到，而且它们本身不能制造有机化合物。浮游动物包括原生动物、轮虫、枝角类和桡足类四大类。

浮游动物

夜 光 藻

　　夜光藻属于甲藻门夜光藻属，生活在海洋沿岸的表层，分布广，世界各海域均有分布。藻体为圆形呈囊状，没有外壳，具有一条能动的触手，具有发光能力。在夜光藻分布的海域内，夜晚可以看见海洋表层有火花状的亮点。藻体内的细胞无色或绿色，原生质为淡红色，藻体大量密集时呈红色。每毫升海水中具有1000个以上的藻体时，就形成了"赤潮"。夜光藻是中国沿海引起赤潮最普遍的藻类植物之一。暴雨或梅雨季节使表层水体的盐度急降，对主要分布于表层的夜光藻种群具有巨大的破坏力。夜光藻本身不含毒素，但大量的夜光藻黏附在鱼鳃上，就会导致鱼类窒息而死亡；同时夜光藻分解过程中所产生的化学物质，能够使海水变质，危害水体生态环境。

赤潮的海滩

藻类植物

56

赤潮生物

赤潮生物是指能够形成赤潮的浮游生物，主要有63种浮游生物，其中硅藻有24种、甲藻32种、蓝藻3种、金藻1种、隐藻2种、原生动物1种，在中国已经引起赤潮的生物有25种。

原生质体

原生质体由原生质分化形成，具体包括细胞膜和膜内细胞质及其他具有生命活性的细胞器。脱去细胞壁的细胞称为原生质体，动物细胞也算原生质体。

水生生态系统

水生生态系统是地球表面各类水域生态系统的总称。水生生态系统中栖息着自养生物、异养生物和分解者生物群落。各种生物群落及其与水域环境之间相互作用，维持着特定的物质循环与能量流动，构成了完整的生态单元。

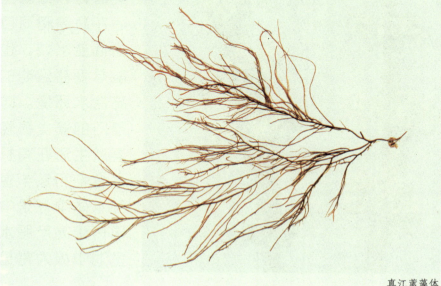

真江蓠藻体

隐 藻 门

　　隐藻门是藻类植物的一门，植物种类不多，但分布非常广，在淡水和海水中均有分布。隐藻对温度和光照的适应性极强，在夏季和冬季的冰下水体中均可形成优势种群。该门的隐藻属、红胞藻属和半胞藻属等在沿岸水域常见，尖隐藻等隐藻属的一些种类，在沿岸水域中常见。该门的隐藻是一种广盐性藻类植物，既能生活在海湾和河口的低盐水域，也能忍受盐沼池的高盐水环境。隐藻门的藻类植物喜欢生活在有机化合物和氮丰富的水体中，是中国传统高产肥水鱼池中极为常见

狐尾藻花序

的优势种群，是适合养殖鱼类的水体的标志。

隐藻为单细胞，大部分种类的细胞不具有含有纤维素的细胞壁，细胞外有一层周质体，柔软或坚固。多数种类的细胞具有鞭毛，能运动。隐藻含有叶绿素、胡萝卜素和藻胆素等色素，颜色变化较大，多呈黄绿色、黄褐色，也有的种类呈蓝绿色、绿色或红色。还有一些种类，如红胞藻不含色素，所以藻体无色。隐藻门藻类植物贮藏的营养物质是淀粉，生殖方式多为细胞纵分裂，不具鞭毛的种类产生游动孢子，有些种类产生厚壁的休眠孢子。

沼　泽

沼泽是指地表过湿或有薄层常年或季节性积水，土壤水分几达饱和，生长有喜湿性和喜水性沼生植物的地段。生长于沼泽地区的植物的地下部分不发达，根系常露出地面。

优势种群

生物种群是指在特定时间内，占据一定空间的同种生物的所有的个体，它是生物进化的基本单位。优势种群是指在种群中占有绝对优势地位的个体。

周　质　体

周质体是细胞的内部构造，由多条壁纹密接而成，这些壁纹螺旋状包围着藻体。有些个体的周质体薄，易弯曲，藻体能变形；有些个体的周质体厚而硬，藻体有固定形状。

裸藻门

　　裸藻门，又称"眼虫藻门"，是藻类植物的一门，也是鞭毛生物的重要类群之一，主要生活在淡水中，仅少数种类生活在沿岸的水域中。本门的双鞭裸藻生活在半咸水和海水中，是重要的海产种类。该门的藻类植物喜欢生活在富含有机物质的静水水体中，在阳光充足的温暖季节，常大量繁殖成为优势种群，形成绿色膜状水华、血红色膜状水华或褐色云彩状水华，使水体呈浓绿、红或其他颜色。裸藻在鱼类养殖的水体中是某些滤食性鱼类的直接饵料，如血红裸藻可在养鱼池中大量出现，是肥水、好水的标志。也有的种类生长在河流、河湾、湖泊、沼泽或潮湿的土壤表面。

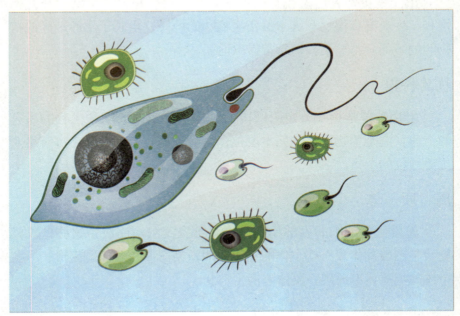

单细胞有机体

　　裸藻门藻类植物的藻体大多为单细胞，没有细胞壁。有些种类有一层具弹性的表质膜，细胞可以伸缩改变形状。该门藻体含有叶绿素、胡萝卜素和叶黄素，大多呈绿色，少数种类具有特殊的"裸红藻素"，藻体呈红色。也有一些种类藻体无色，如袋鞭藻属和变胞藻属，无色的该门藻类植物对污水有一定的净化作用。该门藻类植物的部分种类以营固着生活为主，营养方式有自养和异养两种，贮藏的食物主要是裸藻淀粉，还含有少量油类。裸藻门的繁殖方式以细胞分裂为主，有性繁殖少见。

鞭　　毛

　　鞭毛是指从原核细胞和真核细胞表面伸出的细长并呈波状弯曲的鞭状物，一条或多条，具有运动和摄食等作用。它可分为周生鞭毛、侧生鞭毛、端生鞭毛三类。大多数动物和植物的精子都有鞭毛。

滤食性鱼类

　　滤食性鱼类是指终生生活在水中，以浮游生物为食的一类变温脊椎动物，它们用鳃呼吸，用鳍辅助身体平衡与运动。鲢鱼和鳙鱼就是最常见的滤食性鱼类。

污水处理

　　污水处理是指为使污水达到某一水体或再次使用的水质要求，对其进行净化的过程。这一过程广泛应用于建筑、农业、交通、城市景观、医疗、餐饮等领域。

轮 藻 门

　　轮藻门是藻类植物的一门，丛生在淡水或半咸水水底，分布于水流缓慢含钙质的池沼中，在稻田、沼泽、池塘、湖泊中更为常见，喜欢含钙质丰富的硬水和透明度较高的水体。本门的常见属为轮藻，这类底栖藻类除通过光合作用产生氧气对改善水质有一定作用外，很难被鱼类取食和利用，没有更多的渔业价值。轮藻化石是轮藻门植物的化石，以雌性生殖器官的化石最常见，一般呈球形、椭球形、扁球形、卵形、瓶形或柱形。该类化石始见于泥盆纪的地层中，在漫长的地质历史中有过多次明显的兴衰变迁。

　　轮藻门藻类植物的藻体构造较复杂，有类似根、茎、叶的分化，但并不是真正的根、茎、叶，藻体长10～50厘米，形似金鱼藻，所含色素和同化产物与绿藻相似。本门藻类植物的繁殖方式为有性繁殖，以卵式生殖为主，地下假根可进行营养繁殖，但不产生无性孢子。

大叶藻佛焰苞花序

硬　　水

　　硬水是指可溶性钙盐和可溶性镁盐含量较高的天然水，一般井水和泉水的含盐量较高，属于硬水。硬水的含盐量用硬度表示，硬度分为暂时性硬度和永久性硬度。

软　　水

　　软水是指可溶性钙盐和可溶性镁盐含量较低的天然水，一般江水、河水、湖水、雨水、雪水的含盐量较低，属于软水。暂时性硬水煮沸也可以变成软水。

水　　质

　　水质是反映水体质量状况的指标，包括水体的物理性质、化学组成、生物学和微生物学特性等。不同用途的用水，如生活用水、工业用水、农业用水、渔业用水等都有各自的标准。

水质

底栖藻类植物

高山崖柳藻体

　　底栖藻类植物是指以水体中的高等植物、建筑物或其他物体、水体地质为基质，进行固着或附着生活的藻类植物。红藻门、褐藻门、轮藻门和绿藻门的大型藻类植物是底栖藻类植物的基本组成部分，在水底形成藻被层，其中许多种类是重要的经济海藻。小型底栖藻类植物是杂食性和刮食性鱼类的重要饵料。海洋底栖藻类植物包括几乎全部的大型藻类植物，如海带、石莼、紫菜等，它们多固着于海洋底表，主要分布在透光的潮间带和潮下带。有些海洋底栖藻类植物，如红藻门的海萝，可以生活在潮上带，退潮后能长时间经受太阳的酷晒。浒苔等藻类植物则附着于物体或船底。底栖藻类植物往往大量丛生，在其间栖息着各种小型螺类和蟹类等海洋生物，形成了丰富多彩的附生生物群落。底栖藻类植物能够同细菌和微型动物一起形成黏土层，具有巨大的吸附力，吸附污染水体中的有机化合物，并由生物群落使之矿化，对流水起到净化作用。底栖藻类的颜色鲜艳美丽，有绿色、褐色和红色。科学家们根据它们的颜色，把海藻分为三类：绿藻类、褐藻类和红藻类。

常见的绿藻——扁藻

扁藻属于绿藻门绿藻纲团藻目衣藻科扁藻属。藻体较扁，适应性较强，生长迅速，富含多种营养物质，是海洋动物幼体的优质饵料。

常见的褐藻属——水云属

水云属属于褐藻门水云科，为小型藻类。藻体是由单列细胞构成的分枝丝状体，多数附生在大型藻类上，少数生长于潮间带的岩石上。

藻类植物

常见的红藻——海头红

海头红属于红藻门杉藻目海头红科海头红属。藻体直立，呈玫瑰红色，扁平，丛生，基部具匍匐枝，向上生出羽状分枝，主要生长于低潮带或潮下带岩石上。

红 藻 门

红藻门是藻类植物的一门，属于底栖藻类植物，是很古老的藻类植物。本门藻类植物的种类较多、分布较广，多数种类分布在较暖的海中，分布在淡水中的种类较少，一般是喜阴的大型藻类。本门中的紫菜和麒麟菜可供食用；鹧鸪菜可供药用；石花菜、江蓠和沙菜等可制琼脂；有些种类可提取胶性物质，在食品工业和医药等方面都有广泛的用途。其中，紫菜等种类早在几百年前就已进行人工栽培。

红藻门的藻类植物除含叶绿素和类胡萝卜素外，还含有藻红素，部分种类还含有藻蓝素，因此，藻体呈紫红、红、褐、绿等颜色，呈红色或鲜红色的种类较多，因此得名。本门藻类植物的体型不大，绝大多数种类为多细胞，构造复杂，有片

红藻赤潮的海滩

藻类植物

状、丝状、带状和树枝状等，贮藏的食物主要是红藻淀粉和红藻糖，以附着生活为主，一般不具有游动细胞。繁殖方式有营养繁殖、无性繁殖和有性繁殖三种，除部分种类外，有世代交替现象。

小沙菜

小沙菜，属于红藻门杉藻目沙菜科沙菜属。其藻体丛生，疏松地缠结形成团块状，呈淡粉红色或微带绿色，膜质，生活在中潮带的岩石上或潮下带10米处的贝壳上。

藻红素

藻红素是存在于红藻门的藻类植物中的一种色素蛋白，与藻蓝蛋白和别藻蓝蛋白统称为"胆素蛋白质"。它具有吸收光能，并将光能传递给叶绿素a的作用。

类胡萝卜素

类胡萝卜素是一类天然色素的总称，普遍存在于动物、高等植物、真菌，以及藻类的黄色、橙红色或红色的色素之中，具有抗氧化、调节免疫系统、延缓衰老的作用，已知的天然类胡萝卜素有300多种。

海黍子藻体

海 带

狐尾藻花

　　海带是藻类植物的一门，属于褐藻门海带科海带属，是生活在低温海水中的大型藻类植物，因藻体柔韧似海带而得名。海带含有大量的碘，一般含碘3‰～5‰，多的可达7‰～10‰。碘是人体必需的元素之一，人缺碘会患甲状腺肿大，食用海带有防治缺碘性甲状腺肿的作用，多食用海带还能预防动脉硬化、降血压、降血脂、降血糖、提高人体免疫力。海带还有补钙、减肥、延缓衰老的作用。从海带中提取的碘和褐藻酸，广泛应用于医药、食品和化工等行业。中医认为，海带具有消痰软坚、泄热利水、止咳平喘、祛脂降压的功效。食用海带后不要马上喝茶（茶含鞣酸），也不要马上吃酸涩的水果（酸涩水果含植物酸）。因为海带中含有丰富的铁，以上两种食物含有的酸类物质会阻碍人体对铁的吸收。

海带藻体呈褐色，长带状，革质，一般长2～5米，最长可达7米，宽20～30厘米。植物体分为固着器、柄和叶片三部分。固着器具有叉形分枝，用以附着在海底的岩石上，柄粗短，呈圆柱形。叶片狭长，呈带形，在叶片的中央有两条平行的浅沟，中间为中带部，厚2～5毫米。

海 带 汤

海带含有多种营养物质，具有极高的食用价值，食用方法也很多，其中，最受欢迎的是海带汤。海带汤中可以添加多种材料，制成豆腐海带汤、排骨海带汤等。

海带的根

海带的根可以入药，具有清热化痰、消痰平喘、降脂降压的功效，药效最好的是海带的接近根部3～5厘米的一段。食用海带根可以辅助治疗慢性气管炎、气喘、高血压等症。

铁

海带

铁是一种化学元素，是地球上分布最广、最常用的金属之一。对于人类来说，铁是必需的微量元素，人体血液中的血红蛋白就是铁的配合物，人体缺铁会引起贫血症。

石　莼

石莼藻体

　　石莼，又名海白菜、海莴苣，属于绿藻门石莼科石莼属，是大型海洋经济藻类，生活于海岸潮间带的岩石上。石莼生长迅速，生命力强，再生能力极强，在世界各地均有分布。石莼可供食用，含有丰富的蛋白质、膳食纤维、维生素、矿物质，还含有少量的脂肪。中医认为，石莼具有软坚散结、清热解毒、利水降压的功效，可用于治疗中暑、喉炎、颈淋巴结肿、水肿、高血压、甲状腺肿、小便不利等症。同属的常见种类有孔石莼、裂片石莼和砾菜，其中孔石莼对海水中的细菌和真菌有一定的抑制作用。石莼与微藻之间存在着一定的竞争关系，利用它们之间相生相克的关系，石莼可以控制赤潮的发展。

　　石莼藻体呈片状，呈鲜绿色，近似卵形的叶片体由两层细胞构成，长10～40厘米，边缘常略有波状。孔石莼的叶状体呈卵形、披针形或近圆形，有多数大小不等的孔，或具有不规则的裂片，边缘皱缩，略呈波状。裂片石莼的叶状体不规则二叉分裂，形成或多或少的舌状或线状裂片，边缘平滑或具不规则的齿状突起，有时呈波状。它的基部以固着器附着于岩石上。

膳食纤维

膳食纤维是一类不易被人体消化的营养物质，包括纤维素、半纤维素、树脂、果胶和木质素等，这些物质都能够促进肠道的蠕动。芹菜、韭菜等蔬菜富含膳食纤维。

细　菌

细菌是所有生物中数量最多的一个生物类群，广泛分布于土壤、水、空气中。它们的个体非常小，一般为单细胞，细胞结构简单。细菌能够引起多种疾病，但也能被人类应用。

石莼

真　菌

真菌是真核生物中的一个类群，在菌类中占有重要地位。真菌的种类很多，有3800多属、10万多种，在陆地、水体、大气和动植物机体上均有分布。常见的真菌有木耳、香菇、灵芝等。

浒 苔

　　浒苔，又名苔条、苔菜，属于绿藻门石莼科浒苔属，是生活在近海滩涂中的天然野生绿藻，自然繁殖能力特别强。浒苔主要生长在潮间带的岩石上，有时也可附生在大型海藻的藻体上，广泛分布在全世界各海域中，以亚洲居多，有的种类在半咸水或江河中也可见到。浒苔富含碳水化合物、蛋白质、粗纤维、矿物质、脂肪和维生素，其中条浒苔的含碘量最高，是理想的天然营养食品的原料，但野生浒苔混有其他水草和泥沙，口感很差。新鲜苔条晒干后就可以吃，把它切碎磨细后，撒在糕饼点心中有一股特殊香味。中医认为，浒苔具有凉血、消痰、软坚散结、降低胆固醇等功效。但是，如果浒苔爆发性生长，就能形成绿潮。绿潮对环境的影响主要表现为：破坏水体生态平衡，影响海岸景观，引发次生生态灾难，破坏沿海养殖业。同属的藻类植物有缘管浒苔、扁浒苔、条浒苔和肠浒苔等。浒苔的藻体呈暗绿色或亮绿色，对海水温度、盐度、酸碱度和光照强度的适应范围广。

肠浒苔

盐　　度

　　盐度是指水体中溶解的盐类物质的含量，一般用千分比表示。降水量较大的地区，水体的盐度较低。绝对盐度是指水体中溶解的盐类物质的质量与水体质量的比值。

酸　碱　度

　　酸碱度主要用于衡量溶液的酸碱性的强弱，一般用pH值来表示。当pH值<7时，溶液为酸性，pH值越小，溶液的酸性越大；当pH值=7时，溶液为中性；当pH值＞7时，溶液为碱性，pH值越大，溶液的碱性越大。

生态平衡

　　生态平衡是指在一定时间内生态系统中的生物和环境之间、生物各个种群之间，通过能量流动、物质循环和信息传递，使它们相互之间达到一个相对稳定的平衡状态。

浒苔生长的环境

海 萝

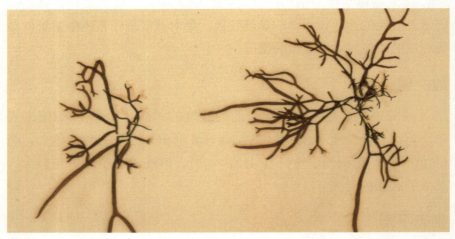

海萝

　　海萝，又名赤菜、红菜、牛毛等，属于红藻门内枝藻科，生长在高潮带和中潮带的岩石上，能耐干旱，大多数向光生长，在中国辽宁、河北、山东、江苏、浙江、福建、广东等地沿海地区有分布。海萝中含有丰富的胶质，可提取海萝胶，供食用、药用，并可作工业原料用于印染工业。海萝胶是红藻门海萝所含的胶质，是原料经漂泊后，用加有少量醋酸的水溶液溶出制成，可用于纺织工业制浆。海萝含有丰富的钾、钠、钙等，还富含多糖等抗氧化物质，具有清热、凉血、消食、祛风除湿、软坚、化痰等功效，可用于治疗痢疾、咳嗽等症。同属的藻类植物主要有海萝和鹿角海萝两种。

　　海萝的藻体呈紫红色、黄褐色至褐色，软革质，高4～10厘米，最高可达15厘米，丛生，主枝短，圆柱形或亚圆柱形，具有不规则二叉分枝，枝端常尖细，弯曲似鹿角形。它的内部组织疏松或中空，因此藻体有时扁塌。细胞壁外层为海萝胶，内层为纤维素。成熟的囊果圆球形或半球形，很小，突生于体表，密布于藻体上。它的固着器为盘状。

抗氧化物质

抗氧化物质是指具有较强抗氧化能力的物质，包括黄酮类物质、维生素C、维生素E、硒、多糖、超氧化物歧化酶、花青素等。大蒜、生姜、芫荽、蓝莓、猕猴桃等蔬菜和水果的抗氧化物质含量较高。

醋　　酸

醋酸，学名为"乙酸"，是具有酸味的有机化合物。纯的无水乙酸是无色的吸湿性液体，凝固后为无色晶体。醋酸是一种弱酸，具有腐蚀性和刺激性，广泛应用于工业中。

钾

钾

钾是一种化学元素，为银白色金属，很软，在人体内能够维持人体的酸碱平衡，参与人体的能量代谢。人严重缺钾，会导致出现呼吸困难等症状。香蕉、草莓、菠菜、大葱、黄豆等水果和蔬菜中含有丰富的钾。

江 蓠

江蓠

江蓠，又名龙须菜、海面线，属于红藻门江蓠科江蓠属，多生活在有淡水流入和水质肥沃的内湾的中潮带和低潮带间，尤其在风浪较平静、水流畅通、地势平坦、水质较清的港湾中，生长较旺盛。江蓠可食用，还可作为制取琼胶的主要原料。它以叶状体入药，可以作为缓泻剂。

江蓠直立丛生，藻体在5～45厘米，有的可达1米，呈暗紫绿色、深褐色或棕红色，形状为圆柱形或线性，主干明显，有1～2个分枝，分枝互生、偏生或不规则生长，囊果球形，突出于体表。藻体为单轴型，顶端有一个顶生细胞。它肥厚多汁，易折断，基部有盘状的固着器。

叶 状 体

叶状体是指外形呈叶片状的植物体，没有根、茎、叶的分化。具有叶状体的植物多为藻类植物，有些地衣植物也具有叶状体类型。不同植物的叶状体的形态、大小和组织分化的程度各不相同。

果 胞

果胞是红藻门的藻类植物的雌性生殖器官，由单个细胞构成，基部膨大部分含一个卵核，顶端有一条细长的受精丝。低等红藻的受精丝较短，高等红藻的果胞能够发育成囊果。

囊 果

囊果是红藻门藻类植物的果胞受精后，在母体上发育形成的一种特殊的二倍体结构。结构简单的囊果，是由果孢子囊密集而成的球状体；结构复杂的囊果，果胞被囊果包被。

穗状狐尾藻

裙 带 菜

新鲜裙带菜

　　裙带菜属于褐藻门翅藻科，主要生活在温暖的海洋中，在中国北方沿海和浙江等地沿海有分布。裙带菜是一种营养丰富的食用海藻，含有蛋白质、糖类、维生素和微量元素等营养物质，具有营养高、热量低的特点，有减肥、清理肠道、保护皮肤、延缓衰老的功效。裙带菜的黏液中含有的褐藻酸和岩藻固醇，能够降低血液中的胆固醇，有利于体内多余钠离子排出，防止脑血栓发生，改善和强化血管，防止动脉硬化及降低高血压等方面的作用。同时，裙带菜还是提取褐藻胶的原料。

　　裙带菜的藻体呈褐色，长1～1.5米，分为固着器、柄和叶片三部分。叶片有明显中肋，边缘呈羽状分裂。柄的边缘呈柱形，中间略隆起，两侧有呈木耳状的孢子叶，其上着生孢子囊。固着器用以附着海底岩石。

墨角藻属

　　墨角藻属属于褐藻门，生长于温带海岸边的岩石上和盐碱滩中。该属藻体长25～30厘米，叶状体仅在分叉幼枝的顶端生长，叶状体上有黏液，因此它具有一定的抗旱性。

马尾藻属

　　马尾藻属属于褐藻门，该属的植物有150多种，多生活于低潮带石沼中或潮下带2～3米水深处的岩石上，叶状体具有多个分枝，分枝扁平或圆柱形，固着器有盘状、圆锥状、假根状等。

岩　藻　糖

　　岩藻糖是从海藻中提取出来的一种糖类物质，是糖蛋白和糖脂的组成单元。某些细菌中也含有岩藻糖。岩藻糖广泛存在于藻类植物细胞的质膜上，包括岩藻胶和岩藻聚糖等。

开水浇过的裙带菜

藻类的工农业价值

蓝藻门中的某些藻类，如念珠藻、鱼腥藻等具有固氮能力。这些固氮蓝藻是新型的生物肥源，通过新陈代谢作用将部分氮化合物分泌出来成为有机氮肥，可以供农作物利用。还有一些藻类死亡之后沉积在水底，年复一年，在水底形成有机淤泥层，也是非常好的肥源。

硅藻死亡后的硅质外壳，大量沉积在海底，形成了硅藻土。硅藻土含有80％左右的氧化硅，疏松多孔，容易吸附液体，是糖果工业最好的过滤剂，也是金属和木材加工的磨光剂。褐藻门的海带、昆布、裙带菜、鹿角菜和羊栖菜等除供食用外，还可提取碘、甘露醇和褐藻胶，巨藻、泡叶藻和马尾藻也可以提取褐藻胶，褐藻胶在食品、造纸、化工和纺织工业上应用广泛。从石花菜、江蓠和仙菜等藻类植物可提取琼胶，琼胶可作为医药和化学工业的原料和微生物学研究的培养剂。从红藻门的角叉藻、麒麟菜、杉藻、沙菜、银杏藻、叉枝藻、蜈蚣藻、海萝和伊谷草等藻

藻类植物

80

礁膜藻体

类植物中可提取卡拉胶，卡拉胶在食品工业上用途广泛。海藻等藻类植物还是制造纸和纤维板的原料。

生物固氮

生物固氮是指固氮微生物将大气中的氮气还原成氨的过程。固氮生物一般都是个体微小的原核生物，主要有自生固氮微生物、共生固氮微生物和联合固氮微生物三类。

根　瘤　菌

根瘤菌是一类能够固定空气中的氮气供给植物应用的杆状细菌，一般存在于豆科植物的根瘤中，与豆科植物共生。这种共生体系具有很强的固氮能力。

新陈代谢

新陈代谢是指生物体与外界环境之间的物质和能量交换，以及生物体内物质和能量的转变过程，分为物质代谢和能量代谢两类，包括同化作用和异化作用两个方面。

含碘食盐

硅 藻 门

狸藻花

　　硅藻是藻类植物的一门，广泛分布于淡水、海水和半咸水中，几乎所有的水体都有硅藻的分布，主要生活在淡水、海水和湿土上。硅藻是海洋浮游植物的主要组分，是海洋初级生产力的主要贡献者，是鱼类和无脊椎动物的重要饵料，在中国沿海贝类的饲养中，硅藻是首选饵料。硅藻死后，遗留的细胞壁沉积成硅藻土，它是工业的重要原料，呈白色或浅黄色。硅藻土的主要矿物成分是蛋白石，质软而轻，多孔，易磨成粉末，有极强的吸水性，易溶于碱，不溶于酸，是热、声和电的不良导体，是优良的轻质、绝缘、隔音的建筑材料。藻体内分解的脂肪物质是形成石油的原料之一。硅藻也是形成赤潮的主要藻类之一。

　　硅藻的藻体一般为单细胞，有时集成群体。它除含有叶绿素和胡萝卜素外，还含有硅藻素和墨角藻黄素等，藻体呈黄绿色或黄褐色。细胞壁含有果胶和二氧化硅，质地坚硬。硅藻的细胞由上壳和下壳两瓣套合而成，壳面上有呈辐射对称（辐射硅藻目）或左右对称（羽纹硅藻目）排列的纹饰，还常有角状、刺状或刺毛状的突出物。它贮藏的食物主要是油类，繁殖方法有分裂、同配生殖或卵式生殖。

羽纹硅藻

羽纹硅藻属于羽纹硅藻纲双壳缝目，藻体是由单细胞接的成丝状群体，壳面扁长，常呈棒形、椭圆形、纺锤形等；壳面饰纹为羽状排列，多呈两侧对称。

硅 藻 土

硅藻土的主要成分是二氧化硅，是由1万～2万年前死亡的硅藻遗体堆积而成。硅藻无色，但硅藻土为淡黄色或浅灰色，质地软而轻，表面积较大，化学性稳定。

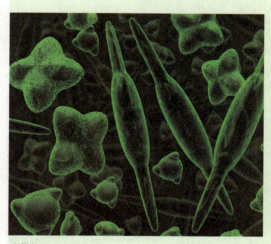
硅藻门

硅 藻 泥

硅藻泥是一种以硅藻土为原料，添加多种材料制成的建筑材料。它的颜色柔和，具有净化空气、防火阻燃、阻隔噪音、保温隔热、调节空气湿度等作用。

藻类植物的食用价值

　　可以食用的藻类植物主要是一些大型藻类，它们的大小差别很大，大型可食用藻类植物，如海带长可达几米，而小型可食用藻类植物，如地木耳只有几厘米。分布于中国的食用藻类植物有50～60种，其中绿藻门有9属14种、红藻门有19属30种、蓝藻门有2属4种。很多微型藻类含有蛋白质、维生素、糖蛋白和虾青素等，从藻类植物中提取的琼胶和卡拉胶可以作为通便剂和胶合剂。可食用的淡水藻类植物有地木耳、发菜和水绵等；可食用的海水藻类植物有石莼、礁膜、紫菜、海带等。藻类植物的食用方法因藻类的种类不同而不同。关于海藻的医学价值，在《神农本草经》《名医别录》《本草纲目》里就有记载。

糖 蛋 白

　　糖蛋白是指糖类分子与蛋白质分子以共价结合形式形成的蛋白质，分泌蛋白质和质膜外表面的蛋白质大都为糖蛋白。它与感染病、心血管疾病、肾病和糖尿病等有关，糖蛋白含量的多少可以作为辅助判断的指标。

虾 青 素

　　虾青素是胡萝卜素的一类，为红色，主要存在于虾、蟹的外壳中，在新鲜的虾、蟹的体内与蛋白质结合而呈青蓝色，具有抗氧化、抗肿瘤、预防心脑血管疾病的作用。海产藻类有礁膜、石莼、海带、裙带菜、紫菜、石花菜等，食用淡水藻类有雨生红球藻、地木耳、发菜等。

裂叶马尾藻藻体

《神农本草经》

　　《神农本草经》简称《本草经》或《本经》，是中国现存最早的药物学专著，成书于东汉时期，并非出自一时一人之手，而是秦汉时期众多医学家总结、搜集、整理当时药物学经验成果的专著，是对中国中草药的第一次系统总结。

发　菜

　　发菜，又名地毛菜、仙菜、头发菜、龙须菜、猪毛菜，属于蓝藻门念珠藻科念珠藻属，是一种陆生藻类，耐高温、寒冷、干旱能力很强，生长于海拔1000～2800米的干旱贫瘠土地中，大量生活于内蒙古、宁夏、甘肃、青海、陕西等地的干旱和半干旱地区，是中国一级重点保护野生植物。由于发菜的开采已经对生态造成了严重破坏，中国已经禁止采集发菜。发菜贴在荒漠植物的下面生长，因其形如乱发、颜色乌黑，因此得名。发菜可以食用，含有丰富的蛋白质、碳水化合物、脂肪、磷、钙、铁，还含有海胆酮、蓝藻叶黄素、藻蓝素和别藻蓝素等营养物质，音同"发财"，在农历新年的广东菜式中极为常见。中医认为，发菜具有利小便、清热、软坚散结、降血压、

市场上的念珠藻植株

调节神经等多种作用，对甲状腺肿大、鼻出血、缺铁性贫血、高血压等症都有一定的疗效。发菜在环境不适应时可脱水休眠，而在清晨可利用其所含胶质吸收露水膨胀，并通过光合作用吸收二氧化碳，但生长缓慢。发菜具有固氮能力，可为土壤增添天然氮肥。

发菜的藻体呈棕色，干后呈棕黑色，毛发状，平直或弯曲。往往许多藻体绕结成团，最大藻团直径达0.5米；单一藻体干燥时宽0.3～0.51毫米，吸水后黏滑而带弹性，直径可达1.2毫米。

海 胆 酮

海胆酮是天然色素的一类，为橘红色的结晶体，溶于二硫化碳、氯仿和苯，稍溶于吡啶、乙醚，几乎不溶于甲醇，主要存在于海胆和虾壳中。

荒漠植物

荒漠植物是指能够在缺水的环境下正常生长的一类植物，这类植物的蒸腾作用较弱，叶、茎具有较强的储水能力。桉属、沙冬青属、蒿属、麻黄属、大戟属的植物都是典型的荒漠植物。

钙

钙是一种化学元素，为银白色的金属，在自然界中多以离子状态或化合物的形式存在，主要存在于石灰岩中。它是人体必需元素之一，参与生命活动的全过程，具有促进血液凝结、调节心率的作用。

水　绵

细叶茨藻植株

　　水绵，又名水衣、水苔、水青苔，属于绿藻门水绵科水绵属，为淡水藻类，是鱼类重要的饵料，广泛分布于池塘、沟渠、河流、湖泊和稻田等处，繁盛时大片生长于水底，或成大团块漂浮于水面。水绵细胞吸收和富集放射性物质的能力极强，在使用放射性物质的工厂的排水槽或蓄水池中，大量培养水绵，可使排放的含放射性物质减少。但水绵大量繁殖时，常造成一些管道的堵塞。转板藻、双星藻和丝藻常与水绵纠缠在一起生活。本属的光洁水绵、扭曲水绵和异性水绵等可入药，具有清热解毒和利湿等功效，可用于治疗烫伤、丹毒和痈肿等症。

　　水绵的藻体是一列圆柱状细胞连成的不分枝的丝状体，由于藻体表面有较多的果胶质，所以用手触摸时有黏滑感。水绵的繁殖方式是营养繁殖和有性繁殖。

转板藻属

转板藻属属于绿藻门接合藻纲双星藻目双星藻科，多数生活在稻田、池塘、沟渠、湖泊和水库的浅湾中。它的丝状体不分枝，由一列柱状细胞构成，每个细胞有1个叶绿体。

双星藻属

双星藻属属于绿藻门接合藻纲双星藻目双星藻科，多数生活在较浅的静水中，少数生活在流水中的石上或潮湿土壤中。它的丝状体不分枝，由一列圆柱状细胞构成。

丝　　藻

丝藻属于绿藻门丝藻科，多数生活在流动的淡水中，少数生活于较急的水流中，部分种类分布于海水中。藻体为丝状体，由单列圆筒状细胞相连而成，不分枝。

水绵生长的环境

紫　菜

　　紫菜，又名紫英、紫菜、索菜，属于红藻门红毛菜科紫菜属，分布于世界各地，约45种，中国有1～2种，主要生长于浅海岩石上。紫菜可食用，富含蛋白质和氨基酸等营养物质。紫菜中丙氨酸、天冬氨酸、谷氨酸、甘氨酸等人体所必需的氨基酸含量较高，脂肪含量较低，而且对人体有益的不饱和脂肪酸含量较高。紫菜还含有多种维生素和无机盐。早在1000多年前，中国的《齐民要术》中就有对紫菜的记述。到了北宋年间，紫菜已成为进贡的珍贵食品。明代的《本草纲目》不但记述了紫菜的形态和采集方法，还指出紫菜具有治疗甲状腺疾病的重要作用。

　　紫菜的外形简单，由盘状固着器、柄和叶片三部分组成。

紫菜

紫菜含有叶绿素和胡萝卜素、叶黄素、藻红蛋白、藻蓝蛋白等色素，因其含量比例的差异，致使不同种类的紫菜呈现紫红、蓝绿、棕红、棕绿等颜色，但以紫色居多，紫菜因此而得名。紫菜有椭圆形、长盾形、圆形、披针形或长卵形等。紫菜植物体的长短、大小因种类和不同环境的影响，可产生一定的变化。中国常见的养殖种类有条斑紫菜和坛紫菜两种。

紫色的花

紫色是由温暖的红色和冷静的蓝色化合而成的，非常醒目，是一种带有神秘感觉的色彩。在植物界中，紫色的花主要有：紫薇、桔梗、勿忘我、薰衣草、睡莲、三色堇、紫玉兰、矮牵牛、紫罗兰、紫藤、紫菀、石竹、鸢尾、醉蝶花、夏枯草、藿香蓟、牡丹、风信子、蝴蝶兰、翠菊、茉莉、紫丁香、紫荆等。

紫色的食物

紫色的食物中含有丰富的花青素，它是色素的代表成分之一。常见的紫色食物有：葡萄、蛇果、洋葱、茄子、李子、西梅、山竹、桑葚、甘蔗、樱桃、芡实、紫米、杨梅、紫苏、紫色玉米、紫色豇豆、紫甘蓝、芋头、蕨菜、紫苏、紫葵等。

紫菜包饭

先在刚做好的米饭中加入适量的香油、醋、味精、盐、芝麻，拌匀。然后，将香肠、黄瓜、胡萝卜、苹果、腌好的萝卜切成5毫米见方的长条。接着，将鸡蛋摊成薄饼，切成10毫米宽的长条。最后，将紫菜铺在包饭专用盖帘上，将拌好的米饭在紫菜上铺上薄薄的一层，再放上切好的各种材料条，卷起即可。

海 蒿 子

　　海蒿子，又名大蒿子、海根菜、海草等，属于褐藻门马尾藻科马尾藻属，是北太平洋西部特有的暖温带性的海藻，一般生长在高潮线1～4米处的岩石上，在中国黄海和渤海均有分布。海蒿子含有藻胶酸、蛋白质、甘露醇、钾、碘，还含有丰富的多糖、维生素C和多肽等抗氧化物质。中医认为，海蒿子具有软坚散结、消痰、利水、泻热的功效，可用于治疗脚气、水肿等症，现代医学认为海蒿子具有抑制肿瘤的作用。海蒿子可提取褐藻胶、甘露醇和叶绿素等，应用于食品、医药和纺织等工业。

海蒿子

　　海蒿子的藻体呈褐色，高30～90厘米，最高可达1米。基部固着器盘状或钝圆锥状，上有单生、偶有双生或三生的圆柱形主干，茎直立，直径为2～7毫米。小枝互生，凋落后于主干上残留圆柱形痕迹；小枝末端常有气囊，圆球形，黑褐色，顶端圆或有尖细突起，或有"叶"。叶形有线形、披针形、倒卵形或羽状分裂，单叶，互生，初生叶线形、倒卵形、披针形，生长不久即凋落，长2～7厘米，直径3～12毫米，全缘；次生叶条形或披针形，叶腋间着生条状叶的小枝。雌雄异株。

叶　　腋

　　叶腋是指叶柄与枝交接的地方。大多数的侧芽均生长于叶腋处，该类侧芽称为"腋芽"，腋芽一般只有1个，但是有一些植物也可能有2～3个。腋芽能够长成侧枝。

多　　肽

　　肽是蛋白质水解的中间产物，由氨基酸以肽链链接在一起。由10～100个氨基酸组成的肽称为"多肽"。多肽参与人体的生长、发育和新陈代谢，人体缺乏多肽会出现新陈代谢紊乱、内分泌失调等症状。

干紫菜

维生素C

　　维生素C是一种水溶性维生素，在水果和蔬菜中含量丰富，在氧化还原代谢反应中起调节作用。人体缺乏维生素C会诱发坏血病，因此它又被称为"抗坏血酸"。

海 人 草

海人草

　　海人草，又名海仁草，属于红藻门松节藻科，生长于热带和温带的海岸附近的浅海中，或生长于低潮线下2～7米的珊瑚碎块上。海人草的根系发达，能够抵御风浪的侵蚀，对海洋底栖生物具有保护作用。同时，通过光合作用，它能吸收二氧化碳，释放氧气溶于水中，对水中的溶解氧起到补充作用，改善渔业环境。海人草常在沿海潮下带形成广大的海人草场，腐殖质含量高，浮游生物数量多，是幼小的鱼虾等海洋动物的优质繁殖场所，也是一些海鸟的栖息地。海人草还含有多糖等抗氧化物质，及铁、锌、锰、铜、钙、镁、钾、钠等元素。它以叶状体入药，药用成分是含氮的海人草素，具有非常好的驱蛔虫的效果。

　　海人草的藻体呈暗紫红色，丛生，高5～25厘米，藻体干后呈绿色或灰色，软骨质。固着器呈圆盘状，枝呈圆柱状，具不规则的叉状分枝；全体密被毛状小枝，顶端似狐尾。囊果呈卵圆形，无柄，生于小枝的上部或中央部分的侧面。干燥藻体略呈圆柱状，数回叉状分枝，粗3～7毫米，密被毛茸状的小枝，状如狐尾；基部小枝常脱落。

珊　　瑚

珊瑚是由大量的珊瑚虫在死后形成的化石，呈树枝状，颜色鲜艳，在中国有吉祥如意的含义。珊瑚除了具有观赏价值，还具有活血、明目、养颜、美容的药用价值。

海洋底栖生物

海洋底栖生物是指生活于海洋基底表面或沉积物中的生物，种类繁多，包括了大多数的海洋动物、大型海藻和海洋种子植物，按生物属性分为海洋底栖植物和海洋底栖动物。

珊瑚

美　舌　藻

美舌藻属于红叶藻科美舌藻属，生长于温暖的河口的岩石上，野生，不能种植。藻体黑色，扁平，长1～4厘米；具有不规则叉状分枝。叶片中央有明显的中肋；中肋分枝点常有次生副枝，有时生出毛状根。

昆　布

　　昆布，又名黑菜、鹅掌菜等，属于褐藻门翅藻科昆布属，生活在温带海洋中，在中国浙江、福建等地沿海均有分布。昆布的营养价值很高，尤其是碘的含量很高，多吃昆布能防治甲状腺肿大，还含有多糖、蛋白质、脂肪、纤维素、矿物质和核酸等营养物质。它含有的褐藻酸钠有预防白血病和降压等作用，还有抗凝血、调节免疫系统、抗肿瘤、防辐射、抗氧化等作用。昆布的叶状体含有丰富的碘、甘露醇和氨基酸等成分，以叶状体入药，有消痰、软坚散结的功效。从昆布中也可提取到碘和褐藻酸，广泛应用于医药、食品和化工等行业。

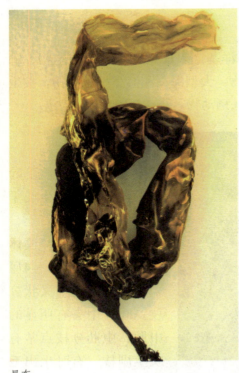

昆布

　　昆布的藻体成熟时呈橄榄褐色，干后呈黑褐色，藻体长1米以上，有的长可达6米，宽20～50厘米，中央较厚，向两边渐薄，且有波状褶皱。基部具有叉状分枝，以固着岩礁上。"茎"呈圆柱状，中实。"叶"厚而宽，羽状分裂，"叶面"有皱纹，无中肋。

免疫系统

　　免疫系统是指人体抵御病原菌的保卫系统，广布全身，能够清除异物和外来病原微生物，具备识别能力和记忆能力，由免疫器官、免疫细胞和免疫分子组成，分为固有免疫和适应免疫，核心是淋巴细胞。

辐　　射

　　辐射是指热、光、声、电磁波等物质向四周传播的一种状态，是能量转换为热量的重要方式。物体通过辐射所放出的能量，称为"辐射能"。某些物质的辐射可能会带来危害，例如电脑辐射、核辐射等。

氧化作用

　　氧化作用是指在生物体内或生物体外，物质分解并释放出能量的一种过程。燃烧作用是发生在生物体外的一种剧烈的氧化作用。发生在人体内的氧化作用容易导致人体衰老。

杉叶藻幼株景观

麒 麟 菜

麒麟菜生长环境

　　麒麟菜，又名珍珠菜，属于红藻门红翎菜科麒麟菜属，是热带和亚热带海藻，生长在珊瑚礁上，分布在赤道中心向南北延伸。在中国同属的藻类植物有麒麟菜、琼枝、珍珠麒麟菜、锯齿麒麟菜等，人工养殖种类主要为琼枝和珍珠麒麟菜。麒麟菜富含多糖、纤维素和矿物质，而蛋白质和脂肪含量非常低，富含胶质，可提取琼胶，是优良的食品加工和工业原料。中医认为，麒麟菜具有消痰和清热的功效，可用于治疗咳嗽、痔疮和胃溃疡等症。它具有促进骨骼生长的作用，对减肥也有一定的作用。麒麟菜收获后，经洗涤晒干就成为制造卡拉胶的原料，主要用于日化和食品工业。

　　麒麟菜的藻体呈紫红色，长12～30厘米，宽2～3毫米，软骨质。藻体呈圆柱形或扁平，有不规则互生、对生、偏生或数回叉状分枝，具刺状或圆锥形突起，分枝上部突起密集，下部突起稀疏。基部生有盘状固着器。

珍珠麒麟菜

　　藻体背面呈黄绿色至紫红色，腹面呈暗红色。主枝圆柱形或略扁，二至三回叉状分枝，分枝亚圆柱形较粗短，彼此相互重叠，缠绕成团块状，腹面突起而有多数固着器。囊果半球形，于体表或腹面生成。

狐尾藻花序

琼　　枝

　　琼枝生长于低潮线附近的碎珊瑚上。藻体呈紫红色或黄绿色，软骨质，匍匐重叠，不规则叉状或羽状分枝；枝端及藻体腹面常具有圆盘状固着器，以腹面较多。植株可入药，具有清肺化痰、软坚散结等功效。

锯齿麒麟菜

　　锯齿麒麟菜生长在低潮线以下的礁石上。植物体呈紫红色、乳白色或乳黄色，软骨质，扁圆柱形，不规则或羽状分枝，匍匐生长。背部呈乳白色或乳黄色，并具有淡红色斑点，腹面呈暗红色，具有附着器。

羊栖菜

岩石上的海藻

　　羊栖菜，又名鹿角尖、海菜芽，属于褐藻门马尾藻科马尾藻属，生长于潮下带的岩石上，在中国分布很广，北起辽东半岛和山东，南至浙江、福建和广东的沿海均有生长，是一种重要的经济海藻资源。羊栖菜含有丰富的多糖、食物纤维、B族维生素、矿物质、微量元素和氨基酸等。中医认为，羊栖菜具有软坚散结、利水消肿、泄热化痰的功效，可调节甲状腺功能，还具有抗血凝、降血压、降血脂、降血糖的作用，可用于治疗便秘、痔疮、高血压、贫血、骨质疏松等症。羊栖菜所含的热量较低，是一种极好的低热减肥食品。

　　羊栖菜的藻体呈黄褐色，高30～50厘米，最高可达1～2米。藻体分为固着器、茎、叶和气囊等部分。初生的叶扁而厚，卵圆形，生于茎的上部。气囊纺锤形，生于叶腋。羊栖菜是雌雄异体植物。

B族维生素

　　B族维生素为水溶性维生素，参与人体的多种代谢过程，包括维生素B1、维生素B2、维生素B6、维生素B12、烟酸、泛酸、叶酸等，不同的维生素具有不同的作用，人体不能生成，需要通过食物补充。

雌雄异株

　　有些种子植物的花为单性花，雌花和雄花分别生长在不同的株体上，仅有雌花的植株称为"雌株"，仅有雄花的植株称为"雄株"。

羊栖菜

甲 状 腺

　　甲状腺属于内分泌器官，人体的甲状腺仅为薄薄的一层，主要功能为合成甲状腺激素，调节代谢，女性的甲状腺比男性略大，腺体内贮存的碘为人体碘总量的1/5。甲状腺肿大易导致呼吸和吞咽困难。

藻类的饲用价值

藻类实体

　　在海洋中，漂浮的微型海藻是海洋食物链的基础，是海洋及其他水体动物的初级食料。藻类植物通过光合作用固定无机碳，使之转化为碳水化合物，从而为水域生产力提供基础。海洋浮游藻类植物碳的总生产力估计每年为31×10^9吨。在食物链的转换中，生产1千克鱼肉需100～1000千克的浮游藻类植物。一般浮游藻类植物资源丰富的海区都是世界著名的渔场所在地，而浮游藻类植物的产量就成为估算海洋生产力的指标。

　　浮游藻类植物中的硅藻是海洋浮游甲壳动物、对虾和其他一些经济虾类幼体的主要食物来源。甲藻和硅藻一样，也是海洋小型浮游动物的重要饵料之一，如真蓝裸甲藻是鲢鱼和鳙鱼的优质饵料，素有"奶油面包"之称。此外，扁藻、杜氏藻、小球藻等单细胞藻类的蛋白质含量较高，是贝类、虾类和海参类动物的重要天然饵料。

食 物 链

食物链是物种通过食物组成的链状关系，由生产者、消费者和分解者三部分组成，其中绿色植物是位于最底层的生产者，而人类就是食物链中的消费者。地球上的生物都处于食物链之中。

渔 场

渔场是指能够捕捞大量的鱼类或其他水生动物的水域，一般是它们产卵、繁殖、越冬的场所。不同的鱼类分布在不同的渔场，一种水生动物在不同季节的渔场也可能不同。

甲壳动物

甲壳动物属于节肢动物，一般躯干由多个节组成，分为头部、腹部和胸部三部分，具有两对触角，还具有鳃，因此能够在水中生活。螃蟹、龙虾等都是甲壳动物。

渔场

鹿 角 菜

　　鹿角菜属于褐藻门墨角藻科角叉菜属，生长在潮带岩石上，自然分布于北半球和南半球的冷水中，是中国的一种重要经济海藻。鹿角菜含有丰富的蛋白质和胶质，并含有多种糖类、矿物质和维生素等营养物质。鹿角菜营养丰富，天然绿色，可食用，干菜用水浸泡后变得新鲜翠绿、晶莹剔透，在北方常用于打卤面中，以增加黏性或与肉共煮做菜。鹿角菜以叶状体入药，能够有效改善人体消化功能，对肠胃疾病有积极的食疗作用。它还可以提取褐藻胶、甘露醇，是优质的工业加工的原料。

　　鹿角菜的藻体新鲜时呈橄榄黄色，干燥后黑色，丛生，高6～7厘米，呈细条状，二叉分枝，顶端形似鹿角，叶状体非常薄，基部生有圆锥状固着器。藻体成熟时具有棒状生殖托，是雌雄同体植物。

潮间带的藻类

打 卤 面

打卤面是中餐中非常有名的一道面食，在煮好的面条上浇上卤汁即成，卤汁的做法非常多，各种蔬菜、菌类、肉类、鸡蛋等都可以做成卤汁。鹿角菜等藻类植物可以做卤汁，也可以作为打卤面的配菜食用。

橄 榄

橄榄属于橄榄科橄榄属，为常绿乔木，果实青绿色，富含维生素C和钙质元素，可供食用，香甜可口、余味无穷。橄榄枝在西方文化中是和平的象征，经常出现于奥运会的相关标志中。

鹿 角

鹿角是指梅花鹿或马鹿等鹿科动物已经骨化的角，可以入药，具有补肾、活血、散瘀等功效。梅花鹿的鹿角又称为"鹿茸"，表面黄棕色或灰棕色，枝端灰白色，是中国东北地区的特产之一。

金鱼藻

藻类的环保价值

异管藻

　　藻类植物能够利用光合作用固定二氧化碳，海洋藻类植物对二氧化碳的吸收量大，容易实现资源化利用。当水体中的有机物质浓度过高时，藻类植物的细胞可以异样生长，直接吸收尿素、氨基酸、磷酸酯等含氮或磷的有机污染物质以及木质素、酚类等难降解的有毒物质。藻类植物的细胞壁含有多聚糖、蛋白质、脂类和核酸等物质，具有较强的吸附能力，能够吸附重金属。但随着温度的上升，藻类植物对有机污染物质的吸附效果会下降。从20世纪70年代开始，就有人在酿造、印染、制糖等工业有机废水中养殖螺旋藻等微藻，以净化废水，已收到一定的效果。利用藻类养殖技术处理有机废水不仅可以改善环境，而且可以生产出优质的藻类饲料和肥料，对于保护环境有重要的意义。浮游藻类还可作为水污染的指示生物。根据藻类对有机质和其他污染物质敏感程度不同，可以用藻类群落组成来判断水质状况。蓝藻门的鱼腥藻、螺旋藻、尖头藻、颤藻，硅藻门的骨条藻、根管藻，裸藻门的裸藻和囊裸藻等，都是水华和赤潮的污染指示种群。

尿　　素

常见的尿素是一种化学药品，为白色晶体或粉末，是植物最常用到的氮肥。哺乳动物的体内能够生成尿素，主要在肝内合成，是动物蛋白质代谢的产物，主要随尿排出，少量尿素也能随汗水排出。

酚类化合物

酚类化合物是芳香族化合物的一种，按其挥发性分为挥发性酚和不挥发性酚。苯酚是最简单的酚类化合物，具有较强的毒性，能经皮肤黏膜、呼吸道和消化道进入人体体内。它也是非常典型的污染物质，能够污染水体。

杉叶藻植株

指示生物

指示生物是对环境中的某些物质能产生各种反应或信息而被用来监测和评价环境质量的现状和变化的生物，包括水污染指示生物、大气污染指示生物和土壤污染指示生物。多种动物和植物都可以作为指示生物。

水体富营养化

　　水体富营养化是指在人类活动的影响下，生物所需的氮和磷等营养物质大量进入湖泊、河口和海湾等缓流水体，引起藻类植物和其他浮游生物迅速繁殖，水体中溶解氧的含量下降，水质恶化，鱼类及其他生物大量死亡的现象。这些富集的营养物质主要来自于农田、农业废弃物、城市污水和工业污水。污水中的氮由有机氮和无机氮组成，有机氮包括蛋白质、多肽、氨基酸和尿素等，无机氮包括氨氮和亚硝酸态氮等。

　　在自然界物质的正常循环中，湖泊会由贫营养湖发展成为富营养湖，进一步又发展成为沼泽地和干地，但这一过程需要

水体富营养化

很长的时间，在自然条件下需几万年甚至几十万年。水体污染而造成的富营养化将大大促进这一过程。富营养化会影响水体的水质，造成水的透明度下降，使阳光难以穿透水层，从而影响水中植物的光合作用，造成溶解氧的过饱和状态。溶解氧的过饱和以及水中溶解氧少，都对水生动物有害，造成鱼类大量死亡。因富营养化水中含有硝酸盐和亚硝酸盐，人畜长期饮用这些物质含量超过一定标准的水，也会中毒致病。

溶　解　氧

溶解氧是指溶解在水中的分子态氧。一般水中溶解氧的含量与水温有重要的关系，水温愈低，水中溶解氧的含量愈高。水中溶解氧的含量是衡量水体自净能力的一个指标，当水体受到污染时，水中溶解氧的含量会降低。

硝　酸　盐

硝酸盐是指由金属离子和硝酸根离子组成的化合物，包括硝酸钠、硝酸钾、硝酸铵、硝酸钙、硝酸铅等，是植物重要的氮肥。这些物质能够使人中毒，误服时，立即用水漱口，也可饮用大量的牛奶或蛋清。

亚硝酸盐

亚硝酸盐主要是指亚硝酸钠，为不透明的粉末或颗粒，白色至淡黄色，看起来很像食盐，包括食用亚硝酸盐和工业用亚硝酸盐两大类，食用亚硝酸盐常用于肉类加工品中。人食入一定量的亚硝酸盐会中毒，甚至死亡。

水华与赤潮

在局部海域中，氮、磷等营养物质的含量突然增加，在适宜的光照、水温、风浪等条件下，海水中某些浮游植物、原生动物或细菌爆发性增殖或高度聚集而引起水体变色的有害生态现象，称为"赤潮"。浮游藻类植物会在短时间内迅速繁殖，甚至可使每毫升海水中的藻细胞数量达数十万个，主要集中在表层到几米深的水层中，由于这些藻类多呈红褐色，"赤潮"由此得名。形成赤潮藻类的种类很多，最常见的是甲藻和硅藻类。有的藻类呈绿色，因此赤潮也会呈绿色或其他颜色。当这种现象发生在淡水中时就称为"水华"。

高度密集的赤潮生物能将鱼、贝类的呼吸器官堵塞，造成大批鱼和贝类的死亡。这些被赤潮毒死的鱼或贝类在海水中继续分泌毒素，危害其他海洋生物的生长。赤潮生物的残骸，在海水中氧化分解，大量消耗水中的溶解氧，使局部海水发臭，恶化海洋环境。如果人食用了被赤潮污染的鱼或贝，可造成消化系统或神经系统中毒，严重的还可致死。自来水厂的过滤装置可能被藻类"水华"填塞，漂浮在水面上的"水华"影响景观，并有难闻的臭味。

单条胶粘藻

藻类植物

110

原生动物

原生动物是最低等的动物，是一类真核单细胞动物，由单个细胞组成，形体微小，生活在地球上的海水和淡水等各种水体中，也有生活在土壤中或寄生在其他动物体内的。

呼吸器官

呼吸器官是指进行对外呼吸的器官。生活在陆地上的动物的最重要的呼吸器官是肺，生活在水中的动物的最重要的呼吸器官是鳃。还有一些结构简单的动物，能够用皮肤或肠等器官呼吸。

毒　　素

毒素是指有毒的物质，由生物体生产出来，分为动物毒素、植物毒素和微生物毒素。极少量的毒素就可能导致其他动物中毒。动物生产毒素主要用于捕食或防卫。人类曾经将毒素做成武器用于战争。

水华

藻类与滇池

藻类与滇池

　　滇池位于云南省昆明市的西南，又称"昆明湖"。滇池是由地震断层陷落而形成的湖泊，湖的外形好似一弯新月。

　　滇池地处滇池盆地最低凹地带，滇池流域城镇化迅速发展，大量生活污水、工业废水和农业污水进入滇池。滇池属于半封闭性湖泊，缺乏充足的洁净水对湖泊水体进行置换，同时在自然演化过程中，湖面缩小，湖盆变浅，进入老龄化阶段，内源污染物堆积。滇池全湖呈现富营养化，藻类植物大量繁殖，严重影响了当地居民的生产和生活活动，而且极大降低了滇池的旅游价值。滇池内的藻类植物主要属于蓝藻门。有时可以看到滇池的水面上时常漂浮着一层绿油油的泡沫，这就是由蓝藻形成的。大量堆积死亡的蓝藻会发出恶臭，这使"高原明珠"暗淡无光。控制滇池蓝藻等藻类植物的数量，是治理滇池污染的重要措施。

地　　震

地震是在一定范围内，地面剧烈震动的现象，是由地球内部快速释放能量造成的。地震是地球上经常发生的灾害的一种，包括天然地震和人工地震两大类。在海底或临海发生的地震能够引起海啸。

盆　　地

盆地是一种四周高、中部低的地形，非常像生活中常见的盆，根据分布的环境分为大陆盆地和海洋盆地两大类，根据成因分为构造盆地和侵蚀盆地两大类。中国最大的内陆盆地是塔里木盆地。

湖　　泊

湖泊是指在陆地表面洼地积水形成的水域，水流比较缓慢，分为天然湖和人工湖两大类。中国的湖泊按成因包括河迹湖、海迹湖、溶蚀湖、冰蚀湖、构造湖、火口湖、堰塞湖等。

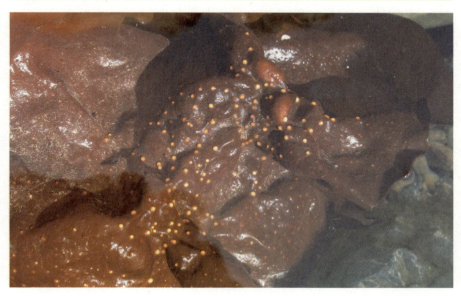

海膜的孢子囊

有害藻类的清除方法

用机械打捞藻类植物，适用于大规模除藻，这只是一种应急的清除方法。面积较小的水体在清除藻类植物时，可以引进新的水源，在短时间内使水体中污染物浓度降低，但这种做法只能暂时缓解了水体的污染。清除藻类植物的根本在于对流入水中氮、磷含量的控制。如果减少或者截断外部输入的营养物质，就会使水体失去了营养物质富集的可能性。

可以在藻类植物的繁殖季节，向水中投放一些凝聚、沉降的化学药剂，以抑制藻类植物的繁殖，阳离子可以使磷有效地从水溶液中沉淀出来，现在应用较多的化学药剂有次氯酸钠、硫酸铜。但使用化学药剂清除藻类时，要注意化学药剂投入的量，以避免造成再次污染。在水体中饲养的一些鱼类和水草也可以控制藻类的生长。

羽藻

次氯酸钠

次氯酸钠具有腐蚀性，对环境有危害，能够造成水体污染，与二氧化碳反应产生的次氯酸是漂白剂的有效成分。

硫　酸　铜

无水硫酸铜为白色粉末，存在一定结晶水的硫酸铜为天蓝色晶体，水溶液呈酸性，与石灰乳混合，就是常用的杀菌剂。行道树皮涂上的白色药液，就是生石灰和硫酸铜的混合液，它可以防治多种病害。

水体污染

水体污染是指因某种物质的介入，而导致水体的化学、物理、生物或者放射性等方面特征的改变，从而影响水的有效利用，危害人体健康或者破坏生态环境，造成水质恶化的现象。

藻类水污染

藻类的养殖方法

早在北宋时期，中国福建就用通过在岩礁上洒石灰水的方法来养殖海萝，这实际上是为海藻孢子的附着和生长准备自然基质，以利于自然养成。在20世纪40年代末至20世纪50年代，海藻的全浮动筏式养成技术渐趋完善并逐步推广，从而使海藻的生产效率得以大大提高。第二次世界大战前后，一些国家在把单细胞藻类作为光合作用研究材料而进行培养的过程中发现，这些藻类含有丰富的营养价值，而且可以通过变更培养方法来改变其营养成分，于是开始进行大规模培养。目前，中国大量养殖的种类有小球藻、栅藻、扁藻等。

藻类养殖分为大型海藻养殖和单细胞藻类养殖两大类型。温度是影响藻类地理分布的主要因素，光照是决定藻类垂直分布的因素，水体的化学性质是藻类出现及其种类组成的重要因素。大型海藻的养殖大体经历了利用自然苗养殖、半人工采苗

鹧鸪菜

养殖和全人工采苗养殖3个发展阶段。大型海藻养殖分育苗和养成两个阶段。

石 灰 水

　　石灰水具有消毒杀菌的作用，是一种食品添加剂。将石灰水涂抹在树干上有多种作用，首先是杀菌和杀虫的作用；其次，白色的石灰能够反射阳光，使树干不会因昼夜温差而裂开。

大型藻类

　　大型海藻是指体型较大的藻类植物。这类植物含有大量的碘，能够保持血管的弹性，还含有多种氨基酸和维生素，具有较高的食用价值。这类植物还具有抗病毒、抗辐射、降血压等功效。

五刺金鱼藻植株

增　殖

　　增殖是指细胞通过有丝分裂产生子代细胞的过程，是生物体的重要生命特征，是生物体生长、发育、繁殖和遗传的基础。细胞以分裂的方式进行增殖。细胞的分裂包括有丝分裂、无丝分裂和减数分裂三类。

117

螺 旋 藻

螺旋藻

　　螺旋藻属于蓝藻门颤藻科螺旋藻属，它们没有真正的细胞核，这点与细菌一样，所以人们又把螺旋藻称为"蓝细菌"。螺旋藻的细胞结构原始，是地球上最早出现的光合生物。常用于培养的螺旋藻有极大螺旋藻、钝顶螺旋藻、盖氏螺旋藻、方胞螺旋藻等。1940年，一位法国药学家到非洲探险，发现当地土著居民食用一种藻类，他在显微镜下观察发现，这是一种螺旋形丝状蓝藻，也就是钝顶螺旋藻。25年后，比利时探险队在非洲发现了螺旋藻水华。螺旋藻含有丰富的蛋白质，它是人类迄今为止所发现的最优秀的纯天然蛋白质食品源，其特有的藻蓝蛋白，能够提高淋巴细胞活性，增强人体免疫力。螺旋藻还含有胡萝卜素、B族维生素，以及多种人体必需的微量元素，如钙、镁、钠、钾、磷、碘、硒、铁、铜、锌等。因为螺旋藻营养价值极高，所以逐渐受到人们的关注。经过研究发现，螺旋藻在降胆固醇、降血脂、抗癌、减肥、调整代谢功能等方面都有积极的作用。

极大螺旋藻

极大螺旋藻属于蓝藻门蓝藻纲颤藻科螺旋藻属，属于低等植物，是地球上出现最早的植物之一。它主要生活在水中，也是最早出现的进行光合作用的植物之一。藻体呈灰绿色。

钝顶螺旋藻

钝顶螺旋藻属于蓝藻门蓝藻纲颤藻科螺旋藻属，是食用螺旋藻的一种，含有大量的蛋白质，具有较高的营养价值。藻丝螺旋状，无横隔壁，蓝绿色，主要靠藻丝断裂增加丝状体的数量。

螺旋藻属

螺旋藻属属于蓝藻门颤藻科，生活在淡水、海水或微盐水中。藻体为单一藻丝，往往多数藻丝聚集形成薄片状。藻丝弯曲，多数做有规律的螺旋状绕转，整个藻丝无胶鞘。

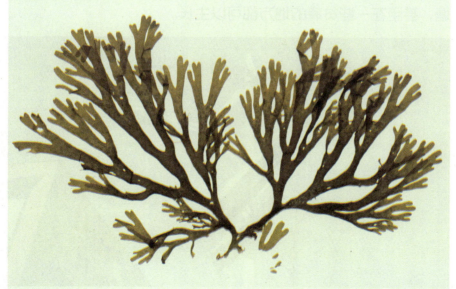

网地藻

藻类植物与新能源

　　以藻类植物为原料的生物燃料，已经成为人们关注的热点。藻类植物在水中快速成长，将光、水和二氧化碳，转化为存储于藻类植物细胞脂质中的化学能，这些脂质可以从藻类细胞中提取出来，合成生物燃料。从藻类植物中提取出的脂质可转化为生物柴油作为汽车的燃料，或转化为可再生柴油作为喷气发动机的燃料。生物柴油可完全燃烧和生物降解，无毒，无须添加硫和芳烃。藻类生物柴油可以任何比例与石油燃料混合使用。藻类生物燃料是新型的清洁能源，现在沿海的许多国家已经开始对藻类生物燃料种植、转化和应用等进行全面研究，藻类生物燃料将在未来能源结构中占据重要地位。藻类植物能够在咸水、淡水甚至被污染的水域中生长，不管在海洋还是池塘，甚至在一些贫瘠的地方都可以生长。

风　能

风能是指地球表面大量空气流动所产生的动能，能够发电，是非常清洁的一类能源，属于可再生资源，存在地球表面的一定范围内，但受地理位置的限制。空气流速越高，风能越大。

核　能

核能是指由原子核释放出的能量，通过核裂变、核聚变和核衰变三种核反应之一释放。利用核反应堆中核裂变所释放出的热能能够发电，但存在一定辐射的危险。

多管藻

太 阳 能

太阳能是指太阳光的辐射能量，是地球最主要的能量来源，人类所需能量的绝大部分都直接或间接地来自太阳。现在太阳能能够转化成电能，是非常清洁的能源，但受季节、地理纬度等条件的限制。